QUATRO EDIFÍCIOS, CINCO LOCAIS DE IMPLANTAÇÃO, VINTE SOLUÇÕES DE FUNDAÇÕES

MANOEL HENRIQUE CAMPOS BOTELHO

LUIS FERNANDO MEIRELLES CARVALHO

Revisão e atualização:

Eng. Jason Pereira Marques

Eng. Miriana Pereira Marques

QUATRO EDIFÍCIOS, CINCO LOCAIS DE IMPLANTAÇÃO, VINTE SOLUÇÕES DE FUNDAÇÕES

Livro didático para jovens profissionais, seguindo as normas brasileiras, principalmente a NBR 6122/1996

EDITORA BLUCHER 50 anos

www.blucher.com.br

1 edição – 2007

EDITORA BLÜCHER
Rua Pedroso Alvarenga, 1245 – cj. 22
04531-012 – São Paulo, SP – Brasil
Fax: (11) 3079-2707
Tel.: (11) 3078-5366
e-mail: editora@blucher.com.br
site: www.blucher.com.br

ISBN 978-85-212-0418-3

FICHA CATALOGRÁFICA

Botelho, Manoel Henrique Campos
Quatro edifícios, cinco locais de implantação, vinte soluções de fundações / Manoel Henrique Campos Botelho, Luis Fernando Meirelles Carvalho, 1ª edição - - São Paulo: Editora Blücher, 2007.

Bibliografia.
ISBN 978-85-212-0418-3

1. Construção 2. Edifícios 3. Engenharia de instalações 4. Fundações 5. Locais de construção I. Carvalho, Luis Fernando Meirelles
II. Título.

06-2140 CDD-624.15

Índices para catálogo sistemático:

1. Engenharia de fundações 624.15

CONTEÚDO

PARTE II — FICHAS TÉCNICAS

PARTE III — ADENDO

APRESENTAÇÃO

Dentro do programa de criação de textos técnicos para a Construção Civil tenho agora o prazer de apresentar:

"Quatro Edifícios, Cinco Locais de Implantação e Vinte Soluções de Fundações".

O trabalho pretende esmiuçar, de forma prática, o mundo da engenharia de fundações para as pequenas e médias edificações, a maioria das estruturas a construir no Pais.

Associei-me ao colega Luis Fernando Meirelles Carvalho, que de há muito vem se dedicando à consultoria e execução de obras de fundações.

Espero que este novo trabalho tenha a acolhida dos anteriores.

Este livro é uma evolução da edição anterior do texto em formato de apostila.

janeiro, 2007

Manoel Henrique Campos Botelho
E-mail: **manoelbotelho@terra.com.br**
Caixa Postal: 12.996
04009-970, São Paulo, SP.

Luiz Fernando Meirelles Carvalho
lf.meirelles@uol.com.br

Revisão e atualização: Eng. Jason Pereira Marques

e Enga. Miriana Pereira Marques

NOTA IMPORTANTE

Este é um livro de objetivos didáticos e dirigido para jovens engenheiros civis, arquitetos, tecnólogos e estudantes.
Procura ensinar, para esse público, as regras e a tecnologia de fundações para pequenas obras e prédios de baixa altura. Tendo lido este livro de cunho introdutório, o leitor deverá prosseguir seus estudos para ampliar sua visão neste assunto, recorrendo às publicações existentes e sempre tendo às mãos as Normas Técnicas.

COLEÇÃO BOTELHO

Caro leitor, não deixe de adquirir e ler a Coleção Botelho desta editora com os seguintes livros:

"*Concreto armado eu te amo*" – Vol. I

"*Concreto armado eu te amo*" – Vol. II

"*Concreto armado eu te amo, para arquitetos*" – Com aprovação didática do IAB-SP

"*Manual dos primeiros socorros do engenheiro e do arquiteto*"

"*Águas de chuva – Engenharia das águas pluviais nas cidades*"

"*Instalações Hidráulicas Prediais – Usando tudos e PVC e PPR*"

Novos livros programados:

"*Concreto armado eu te amo*" – "*Estruturando várias edificações*"

"*ABC da Topografia*"

"*ABC da Tecnologia do Concreto*"

"*ABC do golpe de aríete*"

"*Resistência dos Materiais para Arquitetos e Engenheiros*"

"*Matemática Financeira para entender mesmo*"

"*Concreto armado eu te amo - Perguntas e respostas*"

Observação:

Se você, caro leitor, desejar coparticipar da feitura desses livros, entre em contato com o autor MHCB pelo **e-mail: manoelbotelho@terra.com.br**

Editora Edgard Blücher

www.blucher.com.br

HOMENAGENS

Em memória do Eng. Airton do Carmo Russo, que primeiro me inspirou o desejo de compreender a engenharia de fundações.

Um agradecimento especial ao amigo e Eng. Celso Colonna Cretella pelo apoio e incentivo a este trabalho.

Luis Fernando Meirelles Carvalho

Ao engenheiro de solos e amigo de tantos sonhos e lutas, Luiz Duarte de Oliveira.

Manoel Henrique Campos Botelho

NOTA SOBRE OS AUTORES

Luiz Fernando Meirelles Carvalho *é engenheiro civil, formado pela Escola Politécnica da Universidade de São Paulo. É especialista em projetos e obras de fundações. Membro e diretor da Associação Brasileira das Empresas de Projeto e Consultoria em Engenharia Geotécnica, é sócio diretor da Meirelles Carvalho Engenharia e Projetos S/C Ltda, empresa de consultoria em engenharia de fundações.*

Manoel Henrique Campos Botelho *é engenheiro civil formado em 1965 na Escola Politécnica da Universidade de São Paulo, tendo se especializado em projetos civis e hidráulicos. Especializou-se também como autor de livros técnicos entre os quais a Coleção Botelho, com seu livro inicial "Concreto armado eu te amo".*

Colegas responsáveis pela revisão e atualização de texto:

Jason Pereira Marques, engenheiro civil formado pela Escola de Engenharia da Universidade Mackenzie em 1962, com curso de pós graduação em Mecânica dos Solos, tendo sido professor das disciplinas de Maciços e Obras de Terra, Estradas I e II e Aeroportos no período de 1974 a 1996. Suas atividades geotécnicas ocorreram na Geotécnica (1963-1968), Brasconsult (1968-1970), Promon (1970-1983), GH Engenharia (1984-1990), InfraEngenharia (1991-1993) e a partir de 1994 intensificou as consultorias técnicas. Em 1999 fundou a Marques & Marques Engenharia Ltda, onde atua como diretor técnico. No período de 2001 a 2003 prestou serviços de consultoria técnica na Área Ambiental para as obras do Rodoanel Mario Covas – trecho oeste. Atualmente é Diretor de Assuntos Acadêmicos do Instituto de Engenharia, São Paulo, SP.

email **jason.marques@terra.com.br**

Miriana Pereira Marques, engenheira civil formada pela Fundação Armando Álvares Penteado em 1989, tendo sido professora das disciplinas de Maciços e Obras de Terra, Estradas I e II e Aeroportos e Mecânica dos Solos no período de 1989 a 1996. Atua na área de Avaliações e Perícias, como perita judicial e assistente técnico. Em 1999 fundou a Marques & Marques Engenharia Ltda, onde atua como diretor técnico. Atualmente é Diretora Secretária da Diretoria Executiva do Instituto de Engenharia e faz a organização do Comitê de Práticas e Ética na Construção Civil - Construetica - articulado pelo Instituto de Engenharia, São Paulo, SP.

email **sao21766@terra.com.br**

CUIDADOS COM AS UNIDADES DE MEDIDA

Relembremos:

k (quilo) = 1.000

M (mega) = 1.000.000

1 kgf = peso da massa de 1 kg

1 kg = massa de um decímetro cúbido (litro) de água

1 N ≅ 0,1 kgf

1 kN ≅ 100 kgf

1 MPa ≅ 10 kgf/cm^2

1 t = 1.000 kgf

Na Engenharia de Fundações, têm interesse específico as seguintes transformações e equivalências:

1 t/m^2 = 1.000 kgf/m^2 = 1/10 kgf/cm^2

1 kgf/cm^2 = 10 t/m^2

NORMAS

Na prática profissional use sempre as normas da ABNT e as boas práticas profissionais. As principais normas de interesse para este livro são as indicadas a seguir. Notar que na consulta das normas, estas chamam outras normas que também são relacionadas com o assunto principal.

NBR 6122 - 1996 - "Projeto e execução de fundações";

NBR 6120 - 1980 - "Cargas para cálculo de estruturas de edificações";

NBR 6484 (NB 1211) - 2001 - "Solo - Sondagens de simples reconhecimento com SPT - Método de ensaio";

NBR 6497 - 1983 - ""Levantamento geotécnico";

NBR 8036 (NB 12) - 1983 - "Programação de sondagens de simples reconhecimento dos solos para fundações de edifícios";

NBR 8044 - 1983 - ""Projeto geotécnico";

NBR 9603 (NB 1030) - 1986 - "Sondagem a trado - Procedimento";

NBR 12131 - "Estacas - Prova de carga estática";

NBR 13208 - "Estacas - Ensaio de carregamento dinâmico";

NBR 6489 - "Prova de carga direta em solo de fundação";

NBR 7181 (NB 32) - 1984 - "Solo - Análise granulométrica";

NBR 6489 - "Prova de carga direta sobre terreno de fundação - Procedimento";

NBR 9604 - "Abertura de poço e trincheira de inspeção em solo com retirada de amostra indeformada";

NBR 9820 - "Coleta de amostras indeformadas de solos em furos de sondagem - Procedimento".

Em livros mais antigos ainda aparecem as siglas NB, MB usadas pela emitente das normas, a Associação Brasileira de Normas Técnicas - ABNT. Atualmente essas siglas foram trocadas por "NBR" seguido do número de registro no INMETRO, órgão estatal federal.

NOTA

Para maiores informações, consultar o site www.abnt.org.br
ABNT - Associação Brasileira de Normas Técnicas

PARTE I
OS EDIFÍCIOS, OS LOCAIS E AS SOLUÇÕES DE FUNDAÇÕES

PARTE I (Continuação)

Parte I

1 — A METODOLOGIA DESTE TRABALHO

Na apresentação de qualquer assunto do conhecimento humano, o método do estudo de casos é altamente rico sob o ponto de vista didático. Foge do "lengalenga" dos textos tradicionais, muitas vezes insípidos, inodoros e incolores.

O estudo de casos(*) foi à alternativa expositiva escolhida neste trabalho para apresentar o equacionamento das soluções dos conflitos que envolvem:

- as estruturas de quatro edifícios a receberem fundações;
- cinco locais geotécnicos diferentes, ou sejam, cinco sítios geológicos;
- os tipos de fundação que a interação "edifício/local" indica como solução.

Veja:

Foram escolhidos quatro tipos de estruturas a suportar:

- Casa térrea isolada;
- Sobradinho geminado de um lado
- Prédio de média altura com estrutura de concreto armado, geminado de um lado;
- Galpão industrial.

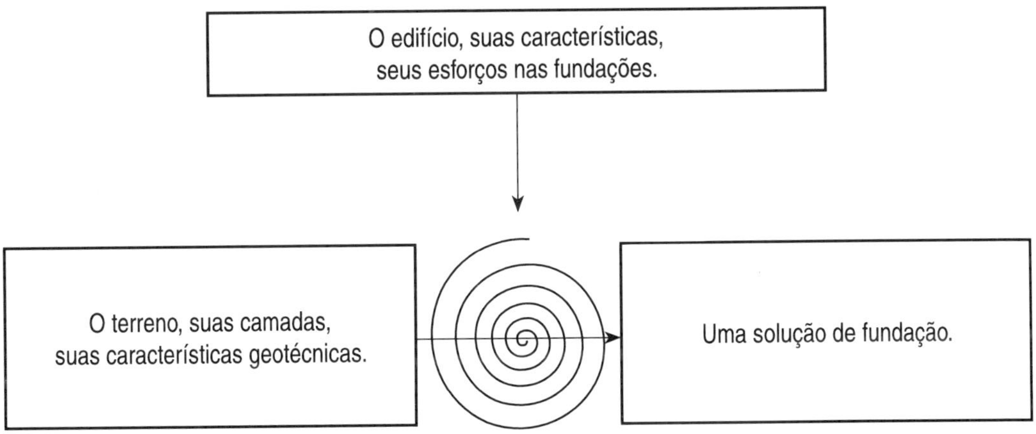

(*) Nunca se esquecer que este livro á dirigido a jovens profissionais de construção civil e para obras de casas e prédios de pouca altura. Consultar sempre as normas de fundações e outros livros.

Esses quatro tipos de edifícios cobrem ampla faixa de edificações e de situações de esforços sobre as fundações, quer quanto ao valor como quanto ao tipo de esforços.

Assim vejamos:

Tipo de edifício	Características dos esforços nas fundações
Casa térrea isolada	Carga vertical, positiva, distribuida, bastante baixa
Sobrado estruturado	Carga vertical, positiva, concentrada e baixa
Prédio de concreto armado com três pavimentos + térreo	Carga vertical, positiva, concentrada de média intensidade
Galpão industrial	Carga vertical, positiva e negativa, momento fletor e carga horizontal

Carga baixa = Carga de pequena intensidade.

Os cinco locais geotécnicos (L-1, L-2, L-3, L-4, L-5) também foram escolhidos de maneira a cobrir alta faixa de problemas e de complexidade(*).

Quanto aos tipos de fundações foram escolhidos:

- Fundação direta por sapatas-corridas ou sapatas isoladas;
- Brocas ou estacas "Strauss";
- Estacas pré-moldadas de concreto armado;
- Tubulões a céu aberto(**).

A razão da escolha destes tipos de fundações está ligada ao fato de serem esses, os tipos de fundações mais comuns por este Brasil afora.

O trabalho está apresentado em duas partes

Na parte I do trabalho encontra-se:

- a descrição das estruturas a receber fundações;
- a descrição dos locais;
- a solução das fundações.

(*) Como se verá, o local L-5 é diferente dos demais. Para ele não há sondagens disponíveis. Como fazer? É o que veremos adiante.

(**) Tubulões executados com auxílio de ar comprimido são usados para altas cargas (ex.: 1.000 t) e principalmente quando o lençol freático força a entrada de água na obra. A pressão dentro do tubulão impede a entrada de água. Pronta a obra, o funcionamento do tubulão com ar comprimido é igual ao tubulão construído a céu aberto.

Na parte II o caro leitor encontrará Fichas Técnicas apresentando, de forma sumária, os aspectos técnicos que embasam as matérias da parte I.

Crêem os autores, que ninguém lerá impunemente as páginas seguintes.

Agora é com você. Respire fundo e comece.

O quadro a seguir ajudará o acompanhamento de todo o trabalho. Acompanhe o texto com base nesse quadro.

Boa viagem didática. É o que nós desejamos.

janeiro, 2007

UM LEMBRETE

Aqui começamos a estudar as estruturas dos edifícios, para os quais vamos determinar as fundações. Depois analisaremos as condições dos locais de implantação. E, das análises "estruturas versus locais", sairá a solução para as fundações, caso a caso.
Se você encontrar alguma dificuldade de compreensão, procure a Ficha Técnica (Parte II)
Uma nota:
É necessário alertar os jovens colegas uma verdade da vida que por vezes passa desapercebida. Se vamos construir uma edificação adotaremos alguns cuidados tecnicos. Se formos construir mil casas (conjunto habitacional) os tipos de cuidados são outros ou seja a quantidade altera a análise. relacionada com o assunto. A Ficha Técnica existe para isso e para facilitar sua consulta. Complemente essa consulta com a leitura das normas e de outros livros.

Quatro edifícios, Cinco locais de implantação, Vinte soluções de fundações

Descrição dos locais de implantação			Edifícios a receber fundações				Simbologia das fundações
			Casa térrea isolada	Sobrado geminado	Prédio de apartamentos	Galpão industrial com vento	
				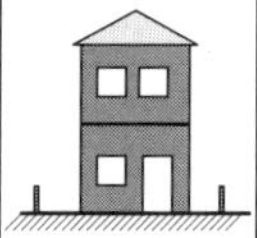	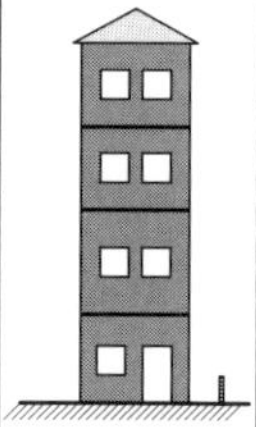	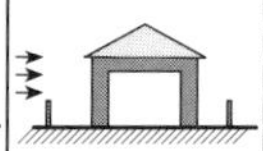	
Local 1	Solo resistente	Nível de água baixo	1 A	2 A	3 A	4 A	A Sapata 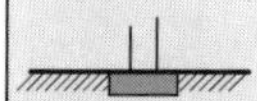
Local 2	Solo não resistente	Nível de água baixo	5 B	6 C*	7 D*	8 B	B Broca 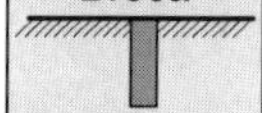
Local 3	Solo não resistente	Nível de água baixo	9 A	10 C*	11 E*	12 A	C Estaca Straus 
Local 4	Solo variável na resistência	Nível de água alto	13 A	14 A	15 D	16 A	D Estaca de concreto 
Local 5	não há informações	Não há informações	17 A	18 depende, depende	19 —	20 —	E Tubulão 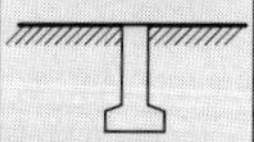

* Eventualmente pode-se utilizar brocas escavadas mecanicamente, atingindo maiores profundidades e capacidades de carga. Brocas Ø 25 mm, tem capacidade de carga de 50 kN e brocas mecânicas com maior profundidade com capacidade de carga 200 t.

NOTA

No canto superior direito de cada quadrículo está indicado o número do caso a estudar.

Parte I

2 — DESCRIÇÃO DOS QUATRO EDIFÍCIOS A RECEBEREM FUNDAÇÕES

2.1 CASA TÉRREA ISOLADA

Representa, pela sua enorme repetividade, uma estrutura importante para ser estudada, apesar de as cargas transmitidas ao terreno serem muito baixas. Principalmente se a casa não for estruturada e as paredes distribuirem as cargas ao terreno ao longo do seu desenvolvimento, então as cargas serão realmente muito baixas. Se a casa térrea for estruturada, com vigas e pilares, haverá uma concentração de cargas nesses elementos que precisarão, então, de sapatas.

No caso presente, a casa é de alvenaria, sem pilares. As paredes externas situam-se longe das divisas, não acontecendo pois, a necessidade de soluções não centradas (caso de sapata excêntrica).

Características da casa:

- telhado com estrutura de madeira;
- forro de madeira compensada;
- alvenaria de um tijolo nas paredes externas(*) e de meio tijolo nas paredes internas (blocos de cimento);
- a alvenaria chega até o solo, ligando-se à fundação;
- piso não ligado às paredes.

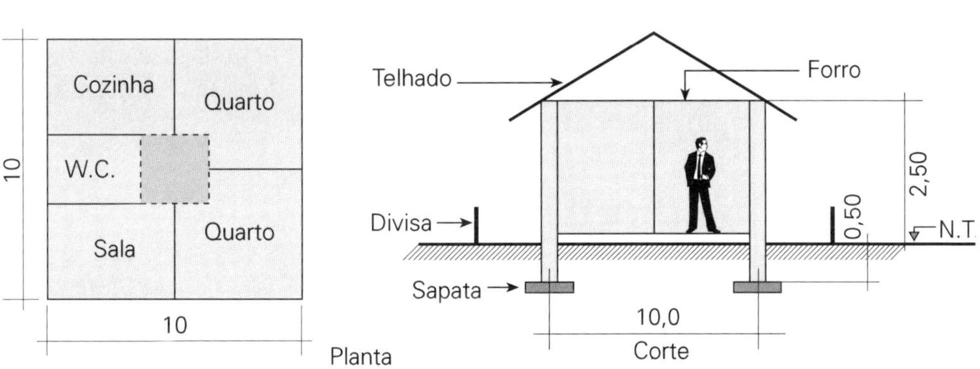

(*) Essa praxe de se usar paredes externas de um tijolo e internas de meio tijolo está ligada à razões de conforto térmico e segurança patrimonial. Em termos estruturais, deveria ser ao contrário, pois pela analogia com vigas contínuas, as paredes internas é que deveriam ser de um tijolo, pois recebem cargas maiores que as externas.

Cálculo das cargas que chegam até às fundações

Admitiremos:

- as paredes externas laterais recebem as cargas dos telhados, forros e o peso próprio dessas paredes;
- as paredes internas só recebem o seu peso próprio;
- as cargas sobre o piso são descarregadas diretamente no solo, sem ligação com paredes.

Dentro destas premissas, a maior concentração de cargas será sobre as paredes externas que por isso e por outras razões, não estruturais, são construídas com parede de "um tijolo". O desenvolvimento das paredes externas laterais é de 20 m. As cargas do telhado e do forro podem assim ser estimadas:

- Telhado – telhas molhadas (90 kg/m^2) + vigamento (15 kg/m^2) = 105 kg/m^2;
- Forro – 15 kg/m^2 (forro leve);
- Total – 120 kg/m^2.

A área total (telhado + forro) é de cerca de 120 m^2 (incluindo beirais) correspondendo a uma carga de cerca de 13,2 t. Essa carga será distribuída nas paredes externas laterais (20m). Resulta a carga distribuída de 0,67 t/m. Além do telhado e do forro, atua sobre as paredes laterais externas o peso próprio do muro. Admitamos que essa parede tenha, até às fundações, uma altura de 3,00 m. O peso próprio será então:

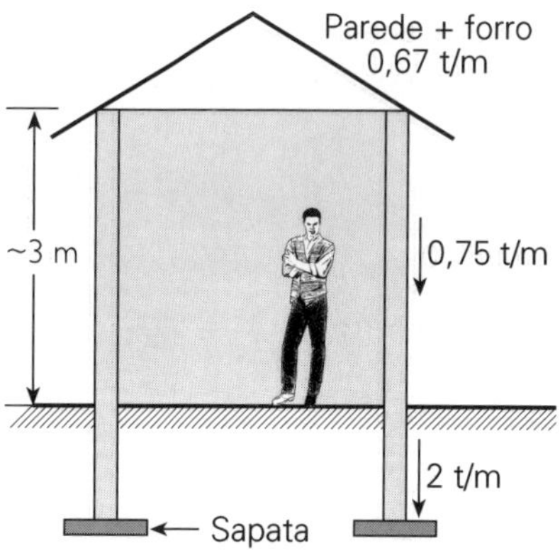

3 m · 250 kg/m^2 = 750 kg/m = 0,75 t/m

Logo, a carga sobre as fundações será de:

0,67 t/m + 0,75 t/m = 1,4 t/m

Considerando que a fundação, também tem seu próprio peso e admitindo uma folga adicional para eventual uso de forro mais pesado (laje pré-moldada) e ainda incluída a carga da caixa d'água, podemos "arredondar" a carga sobre o terreno de fundação em 2 t/m.

OBSERVAÇÃO

A solução em alvenaria portante é aconselhável neste tipo de estrutura para quase todas as classes de solo que admitam uma fundação direta, pois a taxa no solo será muito baixa. Mesmo no caso de solo muito ruim (alagadiço), que requer estacas, as cargas das alvenarias podem ser recebidas por baldrames e daí encaminhadas às estacas.

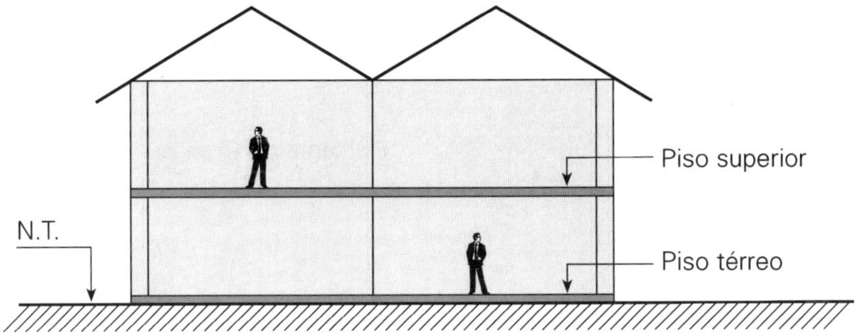

Corte

2.2 SOBRADO GEMINADO DE UM LADO

Esse sobradinho considerado é um tipo de construção muito difundido, pelo menos no Sul do País. Admitiremos que o sobrado é estruturado, ou seja: tem lajes, vigas e pilares de concreto armado e as alvenarias têm função exclusiva de tapamento.

Neste exemplo, adotemos o caso de sobrado geminado do qual analisaremos os problemas de construção junto ao limite de propriedade.

Descrição do sobrado

As plantas térreas e elevadas desse sobradinho (padrão da classe média paulista) dizem tudo:

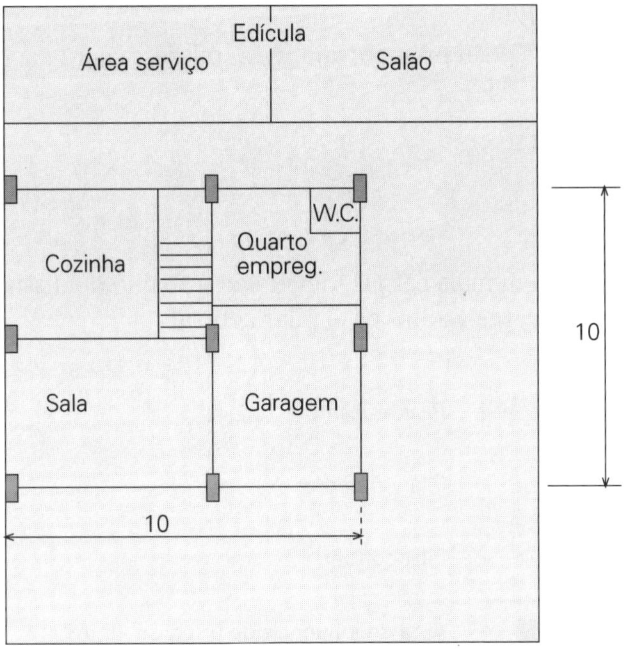

Planta baixa

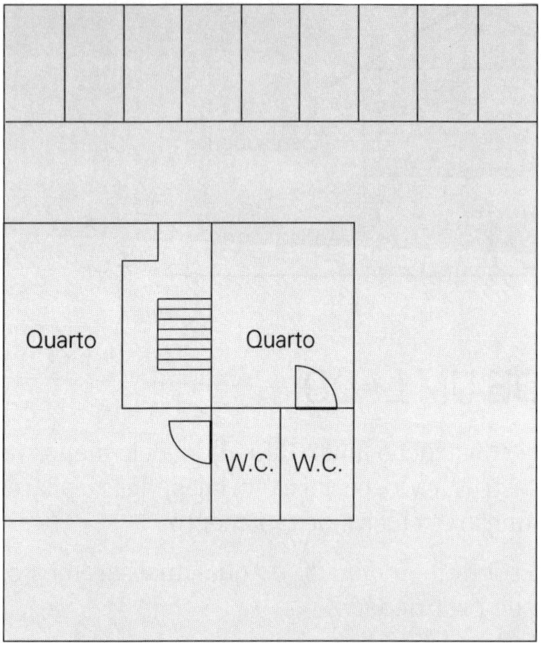

Planta do 1° andar

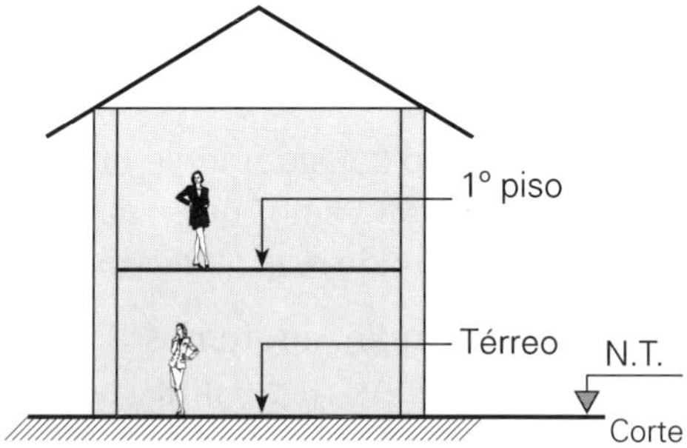

Corte

O edifício será estruturado, ou seja, a laje de concreto armado se apoiará sobre vigas, estas sobre pilares que descarregarão as cargas nas fundações. As alvenarias do térreo descansarão suas cargas diretamente no solo.

Para efeito de pré-cálculo das cargas que chegarão às fundações, vamos supor:

- carga da cobertura (telhado): 500 kg/m^2;
- carga do primeiro piso: 1.000 kg/m^2 (peso próprio, laje, viga, pilares e carga acidental).

Dividamos os pilares desse sobradinho em:

- pilares centrais;
- pilares de periferia e de canto.

Os pilares centrais são os que recebem mais cargas, devido ao trabalho de distribuição das vigas contínuas. Vejamos as cargas sobre esse pilar central:

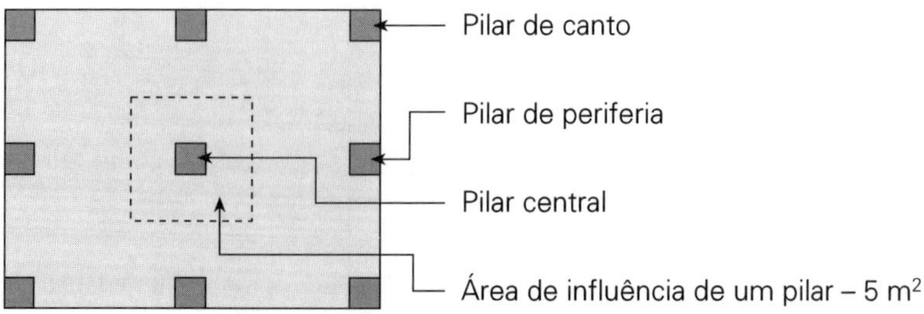

Planta

Cobertura

$$\text{área de influência} = 5\ \text{m} \cdot 5\ \text{m} = 25\ \text{m}^2$$
$$\text{carga} = 25\ \text{m}^2 \cdot 0{,}5\ \text{t/m}^2 = 12{,}5\ \text{t (a)}$$

Primeiro piso

$$\text{área de influência} = 5\ \text{m} \cdot 5\ \text{m} = 25\ \text{m}^2$$
$$\text{carga} = 25\ \text{m}^2 \cdot 1{,}0\ \text{t/m}^2 = 25\ \text{t (b)}$$

Carga total (a + b)

cobertura = 12,5 t
piso = 25
total = 37,5 t

Para os pilares de periferia, podemos adotar metade da carga do pilar de centro, dando: 37,5 ÷ 2 = 19 t e para os pilares de canto adotaremos a quarta parte da carga do pilar central, ou seja: 37,5 ÷ 4 = 9,5 t. Destacamos que, nas cargas consideradas, já está englobada a carga de uma caixa d'água com 1.000 L.

No caso da edícula, no fundo da casa, admitiremos que a mesma não é estruturada e que, portanto, a alvenaria recebe a carga de telhado e a distribui toda ao longo das paredes, resultando na carga linear de 2.000 kg/m.

Com esta configuração, teremos uma planta de cargas conforme mostramos a seguir:

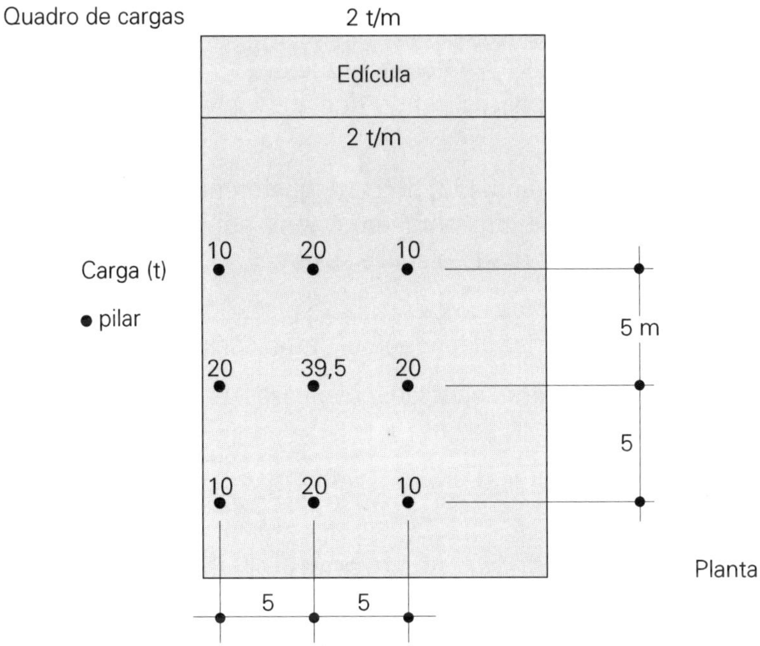

OBSERVAÇÃO

Todas as cargas na fundação – fornecidas pelo projetista da estrutura – devem ser acrescidas de 5%, a fim de considerar o peso da própria estrutura de fundação.
Assim teremos as cargas finais no quadro de cargas, já mostrado.
No dimensionamento dos pilares, vamos assumir dimensões de 20 x 20 cm com exceção do pilar central que terá 25 x 25 cm.
Ressaltamos que estes cálculos são estimativos e servem para o cálculo prévio da fundação. No cálculo da estrutura, estes valores devem se alterar, para mais ou para menos, de acordo com o arranjo estrutural concebido. Porém como o nosso objetivo não é o cálculo da estrutura e sim, o das fundações, estes valores atendem perfeitamente. Esta estimativa não inclui o vento, por não ser ele considerado também no cálculo estrutural (caso de estruturas de concreto armado ou de alvenaria de pequeno e médio porte). No caso de estruturas metálicas (como os galpões) esta hipótese de desconsiderar o efeito do vento é incorreta. Temos nesses casos de considerar a ação do vento.

2.3 PRÉDIO DE APARTAMENTOS DE TRÊS PAVIMENTOS, MAIS TÉRREO GEMINADO DE UM LADO

Foi adotada como exemplo, a solução muito usada de prédio com um andar térreo mais três andares, ou seja o edifício mais alto que se costuma fazer sem elevador. O tipo de prédio é o usado por entidades ligadas à construção para as classes médias, média-baixa e pobre alta(*). O edifício é estruturado, ou seja, sua estrutura é composta por lajes, vigas e pilares, sendo que a alvenaria não tem responsabilidade estrutural.

Admitimos um prédio geminado, do qual igualmente analisaremos a interferência com a divisa do terreno e cuja garagem é semi-enterrada (subsolo) e, portanto, sujeita à influência do lençol freático sobre as obras.

Serão aqui consideradas as cargas atuantes, sendo que, neste caso, o efeito do vento não é considerado, dadas as pequenas dimensões.

As cargas, que normalmente ocorrem nos pilares desses edifícios e que são transmitidas à fundação, são:

- Carga acidental (viva) calculada, regra geral, em torno de 150kg/m^2 a 200kg/m^2;
- Peso próprio da estrutura de concreto armado, telhado e alvenarias.

(*) Os sociólogos que nos desculpem desta classificação sócio econômica.

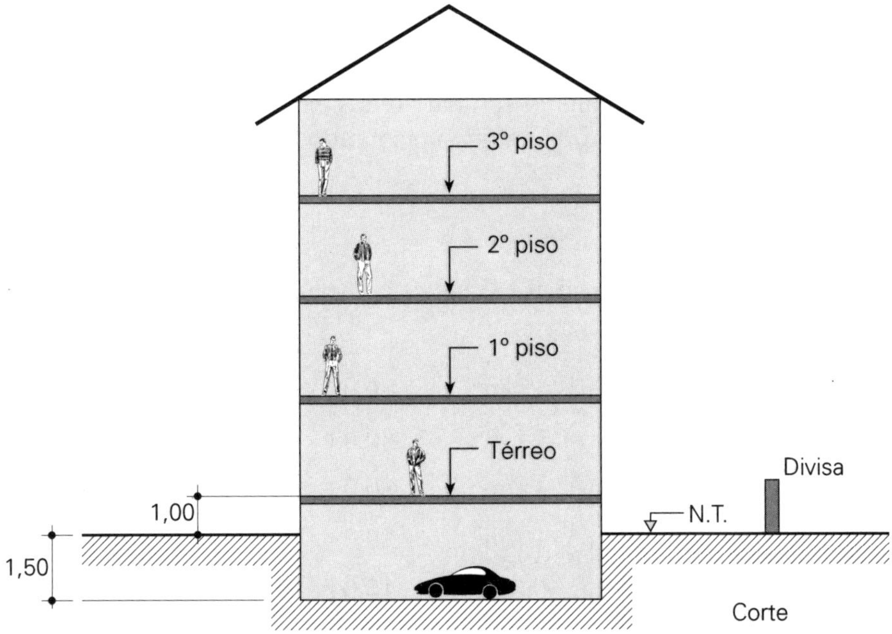

Com tudo isso podemos admitir:

1) carga acidental nas lajes	200 kg/m^2
2) peso próprio da laje	425 kg/m^2
3) peso próprio do forro	50 kg/m^2
4) peso próprio do contra-piso e piso	150 kg/m^2
5) peso próprio de paredes diversas	150 kg/m^2
	975 kg/m^2 $\cong$ 1 t/m^2

REFERÊNCIAS
Norma Brasileira (NBR 6120) – Cargas de Projeto
Espessura média (lajes e vigas) $0{,}17 \cdot 2{,}5$ t/m^3 = 425 kg/m^2
Pesos normais de forro a serem fornecidos pelo fabricante
Pesos normais de piso a serem fornecidos pelo fabricante contra-piso:
$0{,}04$ m $\cdot$ $2{,}4$ t/m^3 $\cong$ 100 kg/m^2

Distribuição dos Pilares

Trata-se de um edifício com subsolo para garagem e sem elevador. Possui quatro apartamentos por andar. O cálculo estimativo das cargas que chegam às fundações segue o mesmo esquema do apresentado no sobrado.

Pilares centrais

Área de influência $6\ m \,.\, 5\ m = 30\ m^2$

Carga nos pisos:

Térreo	$30\ m^2 \cdot 1\ t/m^2$	= 30,0 t
1º	$30\ m^2 \cdot 1\ t/m^2$	= 30,0 t
2º	$30\ m^2 \cdot 1\ t/m^2$	= 30,0 t
3º	$30\ m^2 \cdot 1\ t/m^2$	= 30,0 t
Cobertura	$30\ m^2 \cdot 0{,}5\ t/m^2$	= 15,0 t
Piso subsolo	$30\ m^2 \cdot 1{,}5\ t/m^2$	= 45,0 t
	Total	**= 180,0 t**

Pilares de canto

Área de influência $3\ m \,.\, 2{,}5\ m = 7{,}5\ m^2$

Carga nos pisos:

Térreo	$7{,}5\ m^2 \cdot 1\ t/m^2$	= 7,50 t
1º	$7{,}5\ m^2 \cdot 1\ t/m^2$	= 7,50 t
2º	$7{,}5\ m^2 \cdot 1\ t/m^2$	= 7,50 t
3º	$7{,}5\ m^2 \cdot 1\ t/m^2$	= 7,50 t
Cobertura	$7{,}5\ m^2 \cdot 0{,}5\ t/m^2$	= 3,75 t
Piso subsolo	$7{,}5\ m^2 \cdot 1{,}5\ t/m^2$	= 11,25 t
	Total	**= 45,00 t**

Pilares de periferia

Área de influência $6\ m \cdot 2{,}5\ m = 15\ m^2$

Portanto carga dos pilares centrais/2

180,0 t/2 = 90,0 t

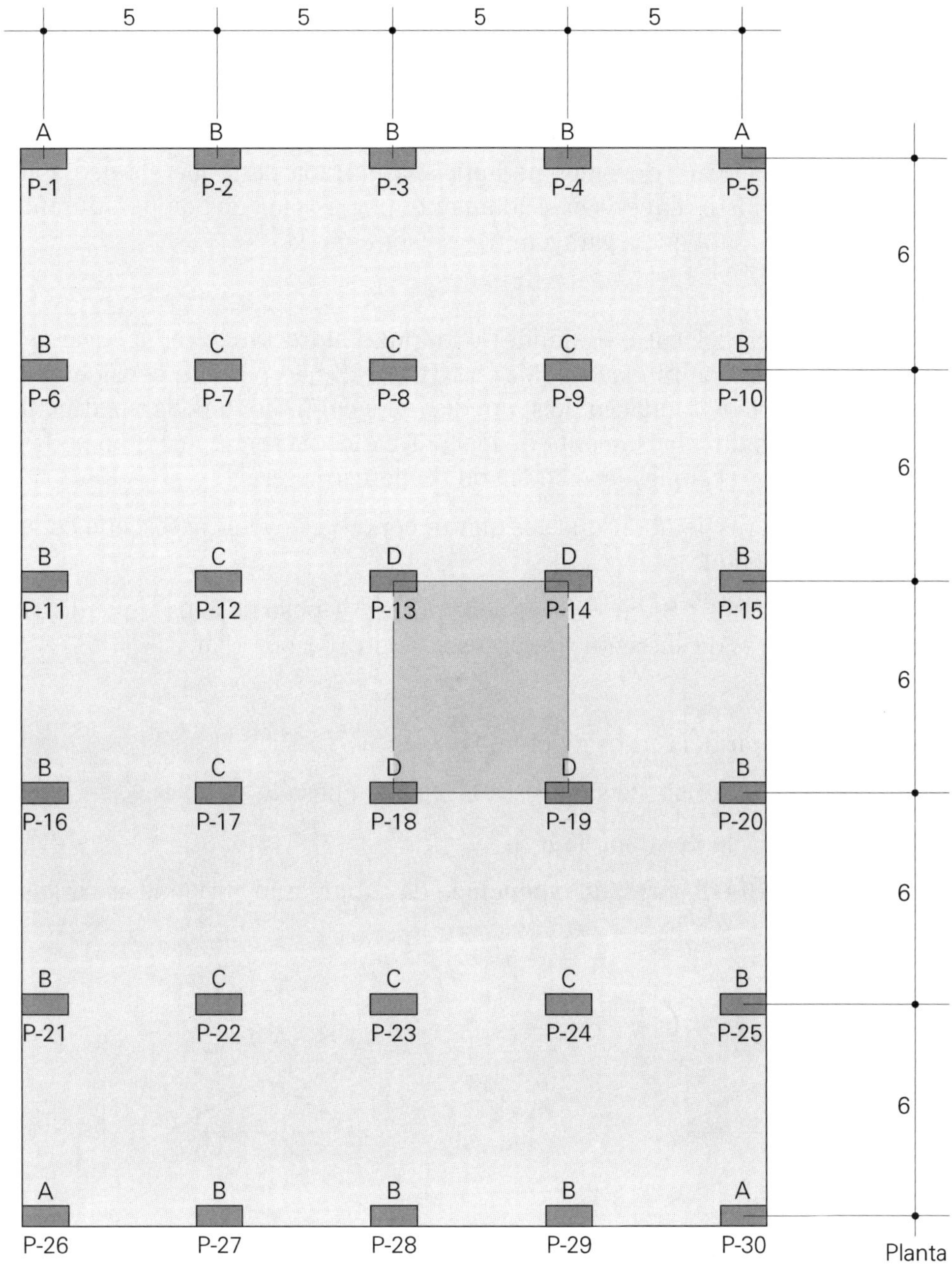

No caso especifico deste edifício, temos um novo assunto a tratar, ou seja, a questão da construção de um andar subterrâneo (garagem) e que sofre a ação do empuxo hidrostático, no caso de o lençol freático ser alto. Temos duas soluções estruturais a considerar, face a este problema:

caso 1) construir piso de garagem estanque e absorvendo a ação do empuxo hidrostático. Isto exige a construção de uma laje bastante cara para resistir à ação desse empuxo (laje de subpressão);

caso 2) piso da garagem não estanque (permeável, com drenagem). Com isto, a água do subsolo penetra (e devemos permitir sua entrada para que ela não aplique empuxo à laje). Isto requer seu esgotamento por sistema de bombas, durante as 24 horas do dia para que a garagem não seja inundada(*).

Notar que no caso 1 (piso estanque) o empuxo hidrostático reduz a carga que os pilares transmitem às fundações. Mas a NBR 6122 não permite considerar esse alivio nos elementos de fundação pois, um dia, o lençol freático poderá extinguir-se (grande seca, obras de rebaixamento de lençol freático na região) e então poderiam ocorrer problemas (recalque) face ao fim do "benefício".

Quanto aos pilares, lembrar que aos quatro centrais, deve-se acrescer a carga da caixa d'água de 20.000 L.

Portanto 20,00 $m^3 \cdot 1{,}8\ t/m^3 = 36\ t$ (peso próprio + peso da água), que distribuídas em quatro pilares de sustentação representando 10 t por pilar.

Vamos considerar dois casos de prédios:

- com o acréscimo da laje de subpressão (laje bem pesada),
- sem a carga da laje de subpressão.

Nos dois casos foi desprezado o benefício da subpressão aliviando as cargas sobre as fundações.

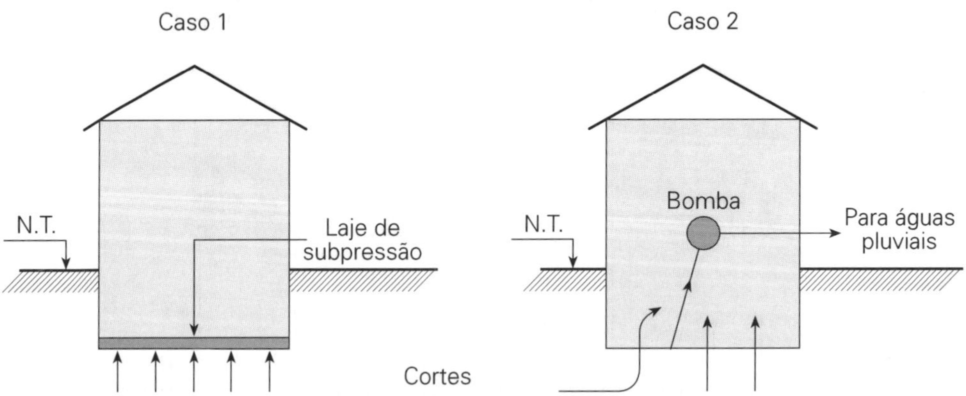

(*) Na época seca, se você notar uma água cristalina correndo pela sarjeta de uma rua de seu bairro, durante a maior parte do tempo, acredite: é água de laje de garagem sendo escoada por bombas.

Os dados sobre os pilares podem ser agrupados da seguinte forma:

1) Carga do pilar com laje de subpressão (t);
2) Idem 1 mais peso próprio do bloco ou sapata (t);
3) Idem 1 mas no caso de não haver laje de subpressão;
4) Idem 2;
5) Pré-dimensionamento dos pilares (seção transversal, no caso de haver a laje de subpressão (cm));
6) Idem 5 sem laje de supressão.

CÓDIGOS	1 / 2	3 / 4	5	6
A	45 / 47	34 / 36	20 x 25 cm	20 x 20 cm
B	90 / 95	68 / 72	45 x 20 cm	40 x 20 cm
C	180 / 190	135 / 142	65 x 30 cm	60 x 25 cm
D	190 / 200	145 / 152	70 x 30 cm	60 x 25 cm

NOTA

Os pilares P-13, P-14, P-18 e P-19 recebem adicionalmente a carga de uma caixa de água.

2.4 GALPÃO INDUSTRIAL

Vejam no desenho a seguir o galpão que escolhemos.

Optamos pela escolha deste tipo de estrutura, por ser bastante comum em pequenas indústrias ou oficinas. Os esforços são sensivelmente diferentes dos demais casos, pois neste tipo de construção a ação do vento é preponderante, face à leveza e forma da obra, daí resultando esforços de todos os tipos sobre as fundações. Esses esforços são:

- esforço vertical nos dois sentidos (compressão e arrancamento);
- esforço horizontal;
- momentos fletores nas duas direções.

Neste exemplo, apresentamos um caso real de galpão, do qual anexamos um croqui. O galpão não possui fechamento lateral, quer em telhas quer em alvenaria.

Normalmente, o fabricante da estrutura metálica fornece o projeto executivo e informa documentalmente ao engenheiro de fundações esses esforços.

Nesses tipos de estrutura, os esforços que o projetista das fundações necessita conhecer são:

- esforço vertical, positivo (compressão) ou negativo (tração);
- esforço horizontal nos dois eixos e nos dois sentidos;
- momento fletor em um eixo e nos dois sentidos;
- carga permanente da estrutura e das telhas;
- carga acidental (sobrecarga de pessoas no telhado);
- carga de vento.

As combinações de esforços já estão feitas no quadro de cargas.

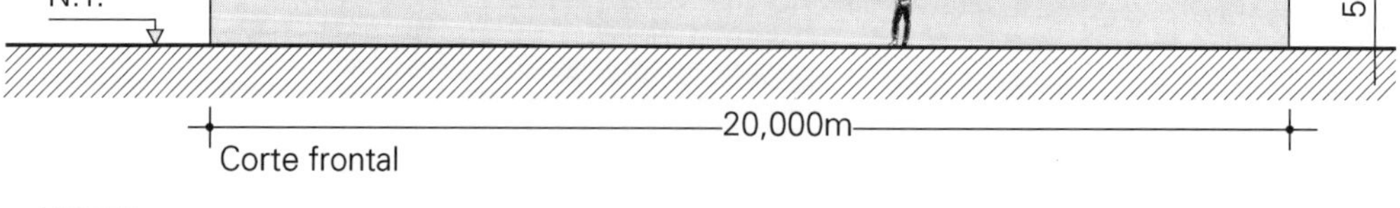

NOTA

Nas construções metálicas as dimensões chegam à precisão de milímetros (mm) face à necessidade de montagem de peças prontas. Há casos até de décimo de milímetros

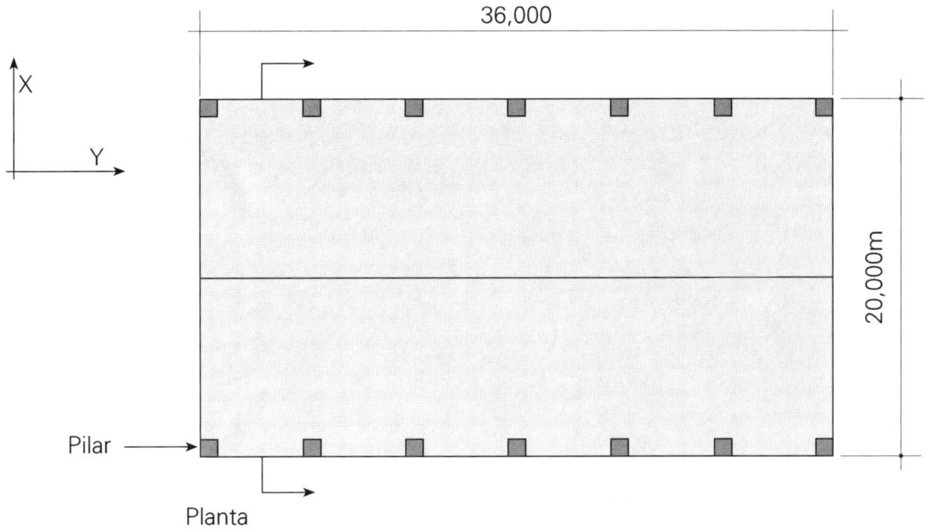

Os dados do galpão, fornecidos pelo seu fabricante, são:

Carga nos apoios (pilares) H – força horizontal (t)
P – força vertical (t)

Carga nos apoios	APOIO TIPO 1			
	Pv (t)	Hx (t)	Hy (t)	Mx (tm)
Carga permanente + sobrecarga (t)	+ 2,5	—	—	—
Carga permanente + vento (t)	– 1,9	± 0,3	± 0,1	± 1,4

t - tonelada

Observe que, quando atua o vento, o bloco de fundação recebe esforço de arrancamento. Quando não atua o vento, o esforço na fundação é de compressão.

As causas de preocupação com o vento no galpão são devidas à:

- peso extremamente leve da estrutura do galpão
- só há duas fileiras de pilares para enfrentar a ação do vento;
- falta de paredes divisórias que ajudariam a travar a estrutura.

LEMBRETE

Pronto. Já conhecemos as quatro estruturas dos nossos edifícios, no tocante aos esforços que eles transferem às fundações. Vamos agora estudar os cinco locais de implantação. Como serão esses locais? Calma, calma, caro leitor. Chegaremos a eles.

Parte I

3 — DESCRIÇÃO DOS CINCO LOCAIS DE IMPLANTAÇÃO DOS EDIFÍCIOS

O critério de escolha pelos autores dos cinco locais objetivou cobrir uma gama bastante grande de soluções de fundações, abrangendo solos argilosos, arenosos, sedimentares e residuais que constituem a grande maioria das situações com que nos deparamos nos casos práticos do "dia a dia".

O local n°. 5, é um caso especial, pois não se dispõe de sondagens e o tratamento desta situação será específico, como veremos adiante.

Analisemos agora cada um dos quatro outros locais, a partir de:

- sondagens geotécnicas de percussão;
- visita minuciosa ao local (inspeção está tão importante quanto a sondagem).

Todo o local de obra deve ser inspecionado e não há como definir-se uma fundação, sem essa pesquisa e sem sondagens, ambas as coisas de idêntica importância.

3.1 LOCAL 1

O desenho de sondagem do local 1 (a seguir) mostra que o terreno está na cota 5,27 m. O primeiro metro é de aterro (lançamento, pelo homem, de solo sobre o terreno natural)[(*)]. Os sete metros que se sucedem ao aterro são de areia e depois ocorre uma camada de dois metros e oitenta centímetros de argila siltosa, após o que reaparece camada de areia com cerca de quatro metros de espessura, sendo a sondagem interrompida num trecho de argila siltosa. Lembrar que todas essas classificações e identificações do solo foram feitas em laboratório a partir de amostras levadas pelo sondador. A classificação é feita por uma amostragem tátil-visual não se empregando aparelhos. É uma análise qualitativa. O SPT[(**)] das camadas está representado à sua esquerda e indica a resistência (número de golpes para penetrar o amostrador padrão) da camada. Vamos, agora, à interpretação dos resultados.

Pela sucessão de camadas de solos arenosos, intercalados com solos argilosos, temos um solo sedimentar, ou seja, proveniente de vários locais e de vários tipos de rocha que chegaram por milênios a este lugar, por transportes da natureza.

[(*)] Para definir a zona de aterro um dos critérios é a grande mistura de materiais, coisa resultante da ação do homem. O solo natural não tem essa diversidade de constituição.

[(**)] SPT-Standard penetration test ou seja teste padrão de penetração.

Com nível d'água baixo (foi medido no final do período da seca) pode-se dizer que o parâmetro "água" não impede a adoção de qualquer tipo de fundação (vide ficha n°. 6).

Quanto às escavações no caso de uso de tubulões, deve-se estudar a estabilidade do solo com bastante cuidado, por se tratar, em sua maior parte, de material arenoso e de fácil deslizamento.

Os SPT indicam um solo bem resistente (normalmente SPT maiores do que 20 indicam solos compactos ou duros). Notar que nos primeiros metros o terreno fica com SPT em torno de 20 e a partir daí, o SPT aumenta.

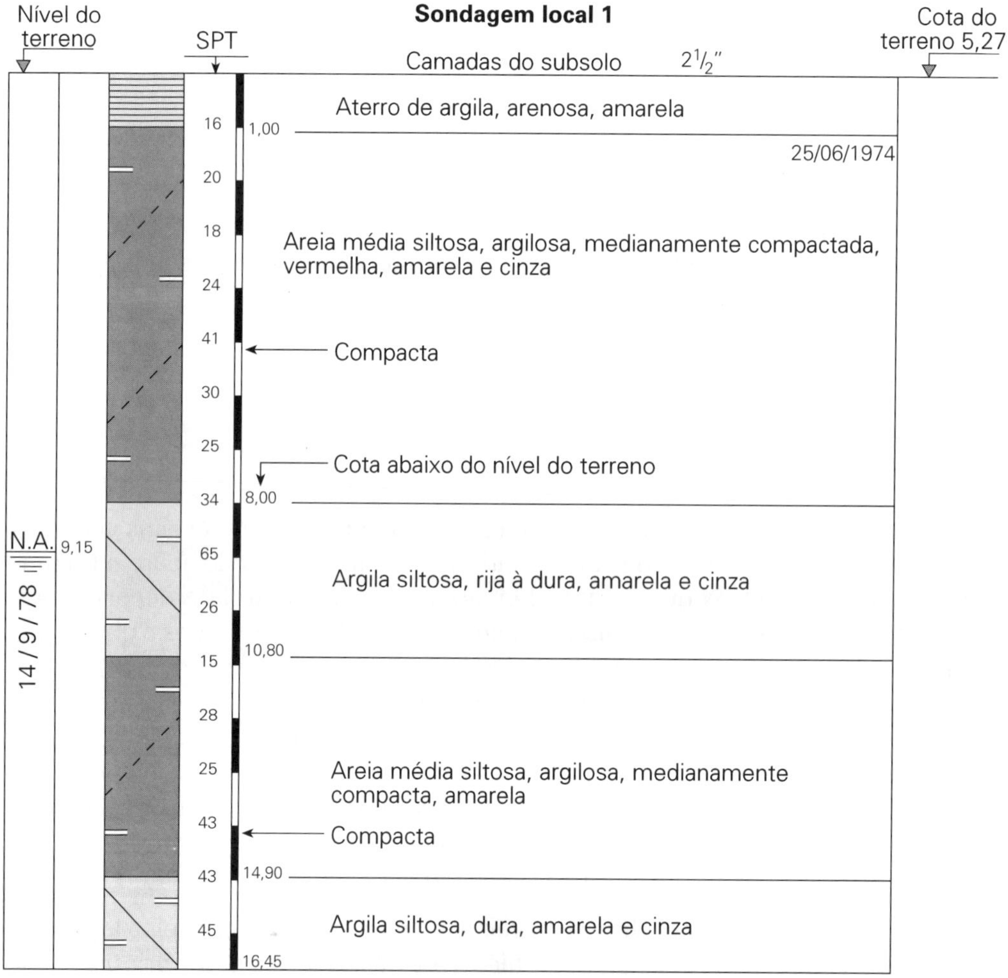

NOTA

Admitimos que as sondagens foram executadas antes de qualquer intervenção recente do homem no local para a execução da obra

Destaque-se o SPT com 65 golpes alcançado com 10 metros de profundidade, fato que não costuma acontecer para este tipo de solo.

Como regra geral, índices de 45 a 50 golpes indicam o fim de solos susceptíveis a ensaios de percussão, como o SPT. Notar que, após o trecho mais resistente (SPT = 65), o índice caiu para SPT = 26. Possivelmente este trecho mais resistente correspondia a uma lente de solo estratificado e muito delgado ou uma pedra. Isto demonstra o quanto é delicado interpretar um resultado de sondagem. Uma pessoa menos experiente, comandando uma equipe de sondagem, teria interrompida com SPT = 65 e concluir haver encontrado um terreno muito resistente, quando na verdade tratava-se apenas de uma camada delgada muito resistente. A feitura da sondagem em vários pontos ajuda a obtenção da conclusão final. Aliás, o que deve ser interpretado não é um resultado de boletim e sim a totalidade dos resultados de *todas as sondagens e da inspeção de campo*.

Com todos esses subsídios à mão, pode-se então identificar o solo do local em estudo. Importante é de se destacar a participação da experiência do sondador no andamento da sondagem. Neste caso, o profissional não se deixou impressionar pela ocorrência de um SPT de 65 e continuou a percutir (bater) e atravessou a lente de solo mais resistente, voltando a uma camada de solo de menor capacidade. Tivesse o sondador parado a sondagem na camada mais resistente, o engenheiro de fundações seria induzido a apoiar sua obra nessa camada que, na verdade, não existe, pois é uma simples lente (trecho fino) de camada mais resistente. Apenas uma grande experiência do engenheiro de fundações o salvaria de cometer grave erro.

A cerca de 16,45 m, parou-se a sondagem (Consultar a Ficha No. 6 da Parte II). A inspeção ao local da obra indicou:

- topografia – terreno em local alto e bastante íngreme (20%);
- zona urbana densamente habitada;
- lotes vizinhos já edificados;
- ausência de vegetação e cursos de água.

Na linguagem leiga o terreno do local 1 é "muito bom" para fundações. O que o leigo não consegue detectar é que o solo é sedimentar ou seja, formado por camadas de solo de várias origens. O terreno sedimentar, pela sua heterogeneidade de origens, dificulta a escolha de um tipo de fundação.

NOTA SOBRE AS RESISTÊNCIAS DOS MATERIAIS

As denominações "areia compacta", "argila dura", "areia mediamente compacta" do boletim de sondagens não provêem de suas determinações em equipamento de laboratório. O laboratorista faz essas indicações correlacionando o material enviado ao laboratório com o número de pancadas à penetração do amostrador. (Valor do SPT).

3.2 LOCAL 2

Estamos diante de um terreno terrível! É a camada "argila porosa silto-arenosa". É uma argila de baixa resistência, como indicam, os índices SPT variando na faixa de zero a três, e de três a cinco. Abruptamente, na cota 6 m, o solo passa para um SPT de 20, sobe para 34 e depois se torna tão resistente que o amostrador tem dificuldade em penetrar, dando 37 golpes para penetrar 9 cm, 36 para penetrar 11 cm, e 45 golpes para penetrar 15 cm, chegando a uma areia fina, siltosa, muito compacta.

A argila porosa não constitui solo apropriado para uso de fundação direta pelos motivos que se seguem:

- baixíssimas resistências à compressão,
- por sua estrutura conter poros, este terreno, ocorrendo encharcamento de água e sob cargas, se adensa e provoca recalques inadmissíveis na estrutura.

O solo é residual, como opina o laboratório de solos da firma de sondagem. Sendo baixo, o nível d'água, não constitui problema futuro para a obra.

Notar que a interrupção da sondagem (SPT) atendeu ao item 6.1.11. da norma pois obtivemos, em três metros sucessivos, 45 golpes para penetrar 30 cm(*).

Sondagem local 2

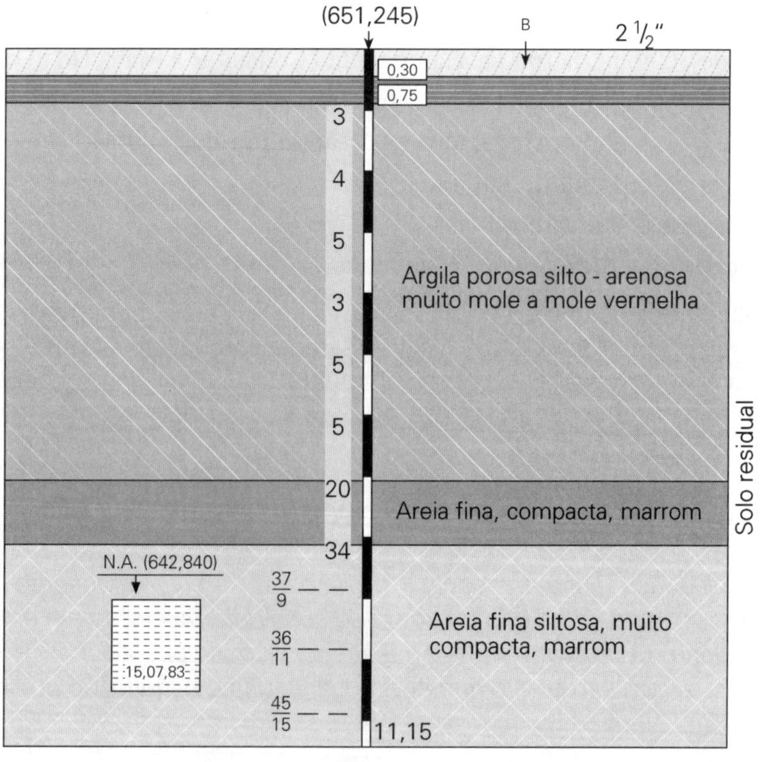

(*) Consultar a norma de execução de sondagens (NBR 6484/2001) ou a ficha técnica quanto à parada de sondagens.

Sondagem (n.º)	Revestimento (m)	Avanço a trado		Avanço por lavagem (m)
2	8,52	0,00 a 2,00	2,45 a 11,00	8,45 a 1,00

Destacar que até, à profundidade de 8,45 m, o avanço da perfuração se fez com trado cavadeira ou trado espiral. A partir daí, a perfuração foi feita com lavagem de água.

Em minuciosa visita ao local, foi constatado:

- topografia — terreno plano em local alto,
- lotes vizinhos não urbanizados,
- terreno já terraplenado (só corte). A sondagem foi feita antes da terraplenagem,
- ausência de vegetação e de cursos de água.

3.3 LOCAL 3

Pela simples visualização do boletim de sondagens, verifica-se que estamos diante de um legítimo representante dos solos residuais. Tirando-se a camada de solo superficial que é um aterro (lançamento de solo pelo homem), as camadas que se seguem têm clara classificação geológica, um uniformidade de solos e de resistência que cresce com a profundidade, sem produzir sustos ou sobressaltos.

A própria alteração de solo passando de argila siltosa para silte argiloso é desprezível, pois argila siltosa e silte argiloso são praticamente a mesma coisa visualmente (analogicamente diríamos "alteração de areia para silte arenoso").

A não detecção de lençol freático mostra que não será o problema do nível de água que influenciará a escolha do tipo de fundação.

A paralisação desta sondagem seguiu o critério do item 6.1.11. da Norma NBR 6484, por já termos atingido terreno resistente por vários metros (cerca de 13 m) e pelo fato de que as cargas, relativamente aos tipos de estruturas que estudaremos, não serem muito elevadas. Como veremos no item 4 desta primeira parte, a extremidade inferior das fundações ficará bem distante do final das sondagens, ou seja, as tensões que chegarão às camadas mais profundas indicadas pela sondagem serão bem pequenas. Aqui se pode destacar uma relação de independência entre sondagens e estruturas a suportar. Estruturas pesadas, (como pontes e grandes prédios) e que geram grandes cargas nas fundações, exigem sondagens mais profundas, pois transmitem grandes tensões ao solo e com isso influenciam camadas mais profundas que precisamos conhecer (ver ficha nº 5). Obras de pequeno vulto podem aceitar sondagens bem mais curtas.

(*) Consultar a norma de execução de sondagens (NBR 6484) ou a ficha técnica 6 (neste livro) sobre o assunto.

Analisaremos agora a resistência do solo. Até a profundidade de um metro temos aterro com vegetais e resistência baixíssima (SPT ≤ 2); até quatro metros de profundidade, temos uma argila silto-arenosa que, convenhamos, é uma autêntica "colcha de retalhos". Esse solo é mole.

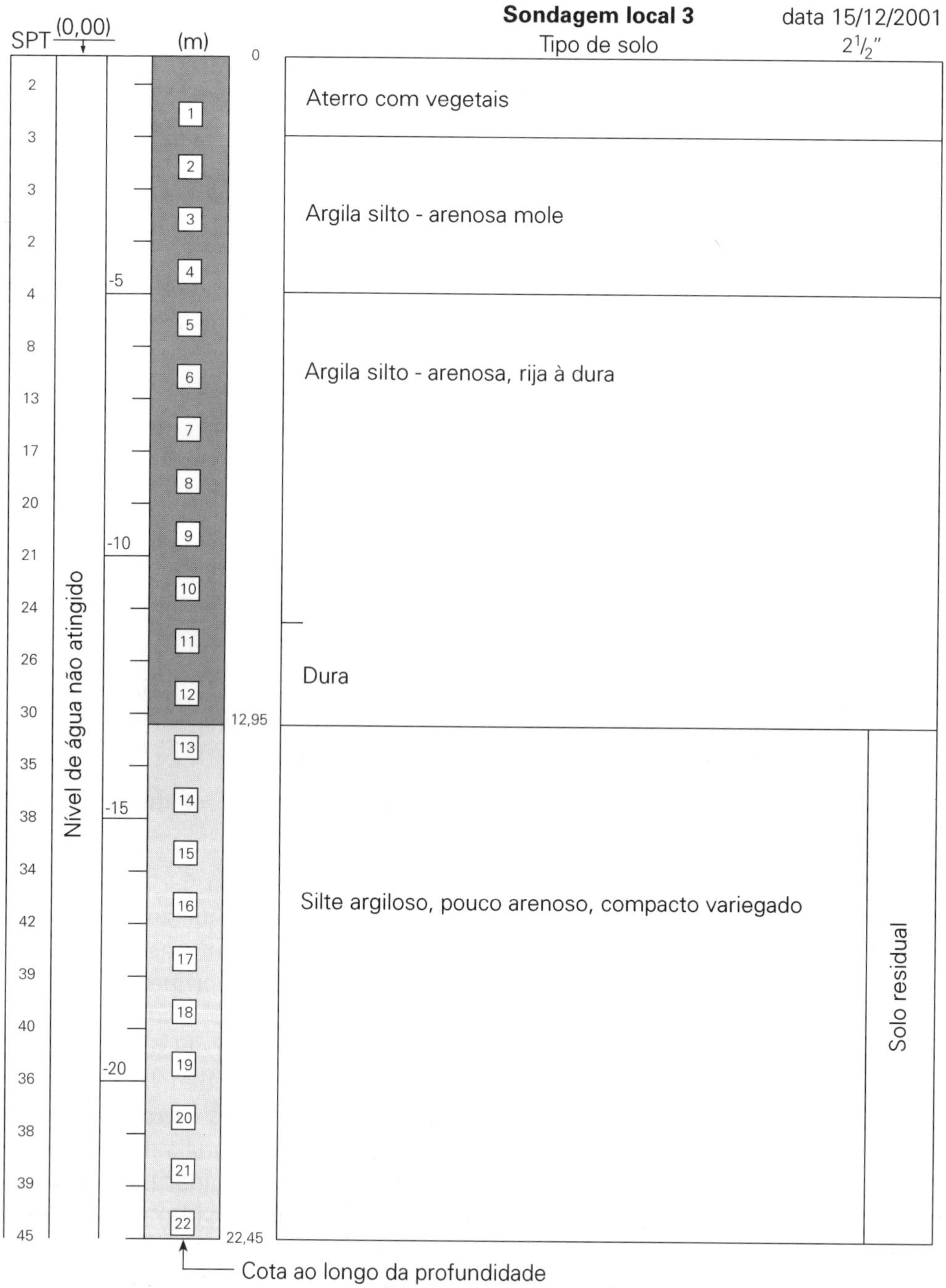

Só a partir dos quatro metros, é que o terreno, apesar de continuar a ser de argila silto-arenosa, não alterando pois sua composição, começa a ter resistência crescente, com SPT de 8 até 35. Notar que, a treze metros de profundidade, o terreno sofre mudança passando a silte argiloso, pouco arenoso mas que, convenhamos, não tem grande alteração geológica em relação à argila silto-arenosa. O SPT, nessas profundidades, é sempre maior do que 30.

Conclusões:

- não são viáveis soluções rasas de fundação (sapatas) para cargas médias, como as de prédios de apartamentos de poucos andares. O correto é adotar fundações profundas (estacas Strauss; estacas pré-moldadas de concreto armado).
- não teremos problemas com o lençol freático nas escavações.

Em visita ao local, constatamos:

- topografia – terreno plano em local alto,
- zona de periferia, pouco construída,
- alguns lotes próximos já construídos,
- terreno já terraplenado (região de corte). A sondagem é anterior à terraplenagem,
- ausência de vegetação e cursos d'água.

Aqui destacamos (acredite se quiser) que, algumas vezes, nos deparamos com sondagens que acusam ausência de nível d'água e em visita ao local constatamos presença de curso d'água próximo ao terreno e no mesmo nível, evidenciando a falta de cuidado na observação, pelo sondador, do nível d'água.

Mais uma vez terá prevalecido a experiência do profissional realmente habilitado e que visitou o local da futura obra. Confiar desconfiando!!!

Pergunta:

Digamos que uma sondagem tenha sido feita à época da seca e não tenha detectado lençol freático elevado. Se a obra for feita em época de chuva, quando o lençol freático tende a subir, como interpretar o resultado?

Resposta:

Normalmente a variação anual do lençol freático não supera um metro, desde a estação chuvosa até à estação seca. Quando for estudar a sua obra, veja as repercussões desse metro face às cotas de sua obra.

Mas: atenção sobre o nível d'água! Nível d'água alto em local argiloso pode não ser fonte de problema, pois a infiltração ou percolação da água nas cavas de fundação é reduzida e lenta. Em solos arenosos, é tudo ao contrário. Com lençol freático alto, água rapidamente inunda a vala.

3.4 LOCAL 4

A uma simples "analise" na sondagem do local 4, notaram-se alternâncias de camadas de areia e argila; temos uma clara indicação de solo sedimentar, ou seja, proveniente da deposição pela natureza de camadas de materiais de origens diferentes.

A outra indicação de terreno sedimentar é a grande variação na resistência à penetração (SPT) que ocorre a 4,5 m, onde o SPT cai de 14 para 3, 4 e 3 e depois volta para a faixa do SPT 15. No nível 3,70 m, ocorre uma camada muito compressível que deverá ser analisada na escolha das fundações.

Trata-se, pelo visto, de um solo de difícil previsão de comportamento, como é todo solo sedimentar.

O nível d'água é próximo da superfície do terreno, o que complica o uso de fundações que exigem sapatas e tubulões(*) a céu aberto.

Esta sondagem foi paralisada pela ocorrência da situação de impenetrável à percussão, o que acontece às vezes, pela ocorrência de matacões ou pedras maiores do que 20 cm. Para se ter uma melhor informação do que está ocorrendo no subsolo (se é camada resistente ou matacão) o correto é deslocar o furo de sondagem alguns metros e refazer a sondagem. No caso de fundações de pontes e viadutos, mesmo ocorrendo camadas rochosas, é necessário ter-se mais informações sobre essa camada e é fundamental ultrapassá-la. Usaremos nesses casos, fora dos limites deste livro, então um outro tipo de sondagem e não mais à percussão, pois esta não atravessa rocha. Na camada rochosa, faz-se sondagem rotativa que utiliza coroa de diamante,(**) que pode fazer furos na rocha.

Em visita ao local 4, constatamos:

- topografia — terreno plano em local baixo,
- zona de periferia — pouco construída,
- alguns lotes já construídos nas proximidades,
- terreno já terraplenado (corte),
- presença de curso d'água próximo e vegetação rasteira.

(*) A questão do nível d'água e sua influência nas escavações dependem também – e bastante – do tipo de solo. Se o nível de água for alto mas o solo for argiloso talvez não ocorra volume d'água significativo na vala de escavação. Um poço exploratório permitirá avaliar com bastante exatidão este fato.

(**) A norma de sondagem em rocha é a NBR 6490 - "Reconhecimento e amostragem para fins de caracterização de ocorrência de rochas".

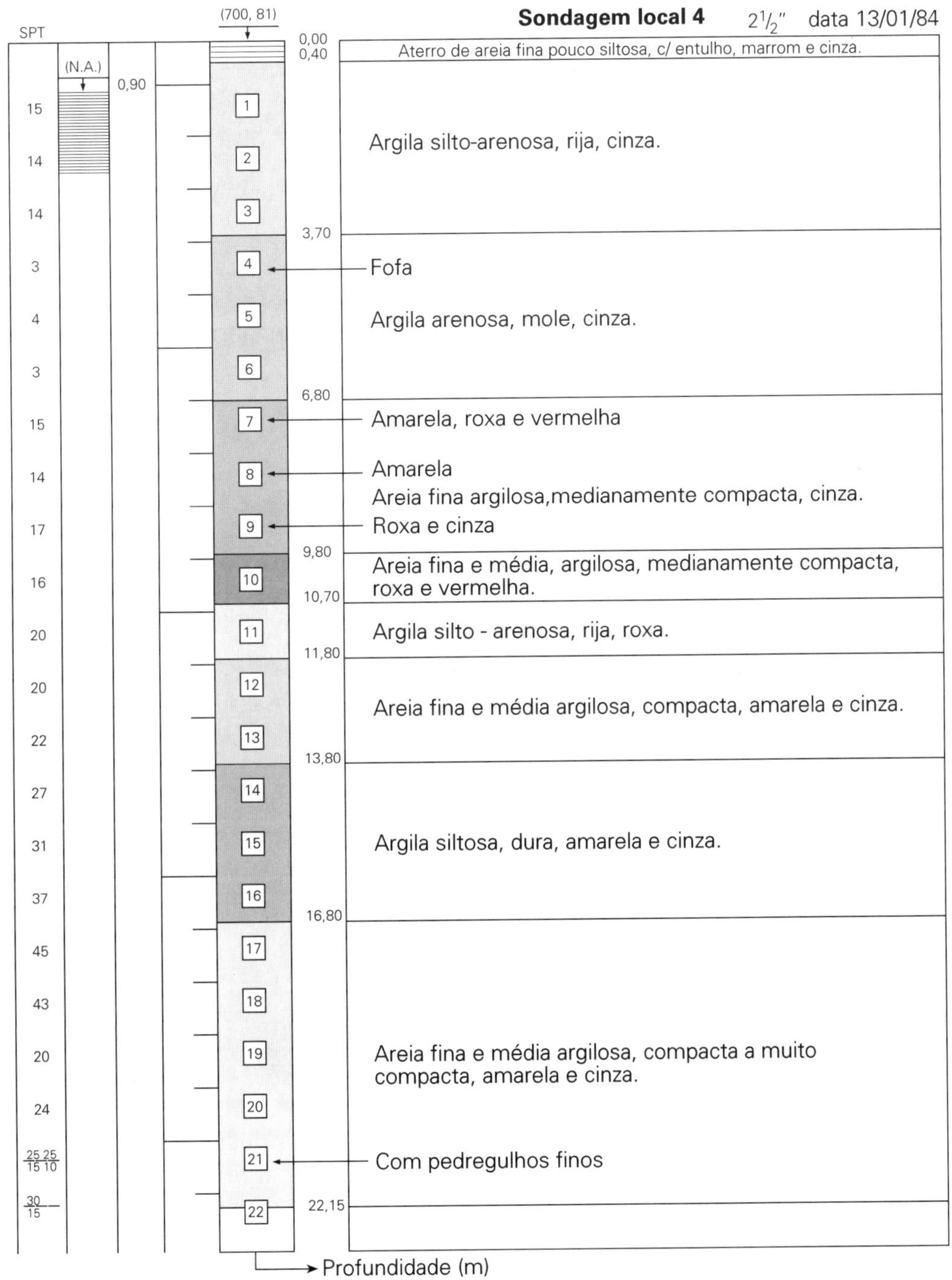
Sondagem local 4
$2^1/_2$" data 13/01/84
SPT
(N.A.)
0,90
(700, 81)
0,00
0,40
Aterro de areia fina pouco siltosa, c/ entulho, marrom e cinza.
15
14
14
3
4
3
15
14
17
16
20
20
22
27
31
37
45
43
20
24
25 25 / 15 10
30 / 15
1
2
3
4
5
6
7
8
9
10
11
12
13
14
15
16
17
18
19
20
21
22
Argila silto-arenosa, rija, cinza.
3,70
Fofa
Argila arenosa, mole, cinza.
6,80
Amarela, roxa e vermelha
Amarela
Areia fina argilosa,medianamente compacta, cinza.
Roxa e cinza
9,80
Areia fina e média, argilosa, medianamente compacta, roxa e vermelha.
10,70
Argila silto - arenosa, rija, roxa.
11,80
Areia fina e média argilosa, compacta, amarela e cinza.
13,80
Argila siltosa, dura, amarela e cinza.
16,80
Areia fina e média argilosa, compacta a muito compacta, amarela e cinza.
Com pedregulhos finos
22,15
Profundidade (m)

3.5 LOCAL 5 (sem sondagem)

Atenção: Neste local não foram executadas sondagens. Apesar disso, o local foi visitado e suas imediações foram percorridas. Obras de corte e aterro nas imediações foram visitadas. Agora fica o problema: podemos projetar obras de fundação neste local? É o que veremos: não percam.

Pausa para meditação

Pronto. Já conhecemos os quatro edifícios e os cinco locais de implantação. Vamos agora, sem delongas, jogar um contra o outro e procurar encontrar as soluções para as fundações.

Atenção! Atenção!

Quando tudo estava pronto para a impressão do trabalho, recebemos um email urgente do eng. Meirelles (que transcrevemos a seguir):

"Para M.H.C. Botelho. Cuidado com texto atual. Ele sugere certa linearidade do assunto "estrutura e fundações". Pode dar idéia de que resolvida estrutura, escolhe-se coerente com ela, a solução da fundação".

Assim um leitor menos avisado entenderia, desta forma, a seqüência do estudo:

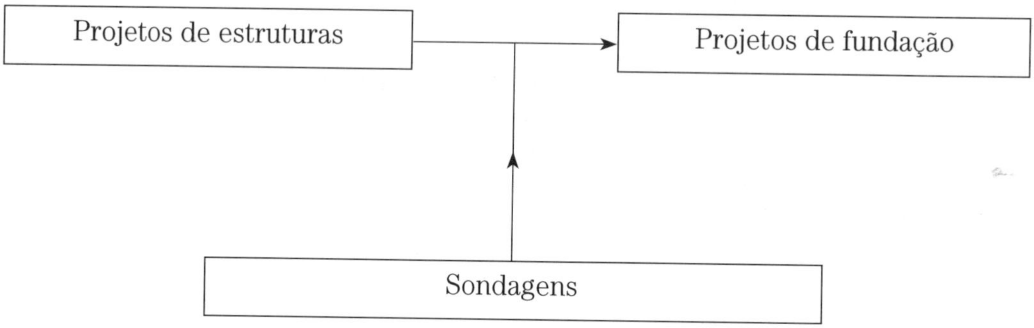

O leitor precisa ser avisado de que, às vezes, as soluções de fundação interferem e fazem mudar o projeto estrutural. Às vezes, mudam até a arquitetura. Há um caso famoso de edificação de um prédio em região de solo muito compressível em que a única solução, economicamente viável, foi prever uma fundação que sabidamente recalcaria algumas dezenas de centímetros ao longo dos anos.

O projeto da arquitetura do prédio levou isso em conta e a rampa de acesso da rua até ao primeiro andar do prédio (andar de garagem, de propósito) era uma rampa ascendente do nível da rua até a edificação.

Essa rampa era uma estrutura independente do resto da edificação. Com o tempo o prédio foi afundado e a rampa foi sendo modificada. Hoje – quinze anos depois – o primeiro andar é térreo e a rampa ascendente agora é ligeiramente descendente!

É um caso concreto de interação entre o projeto de fundações, projeto de arquitetura e projeto de estruturas.

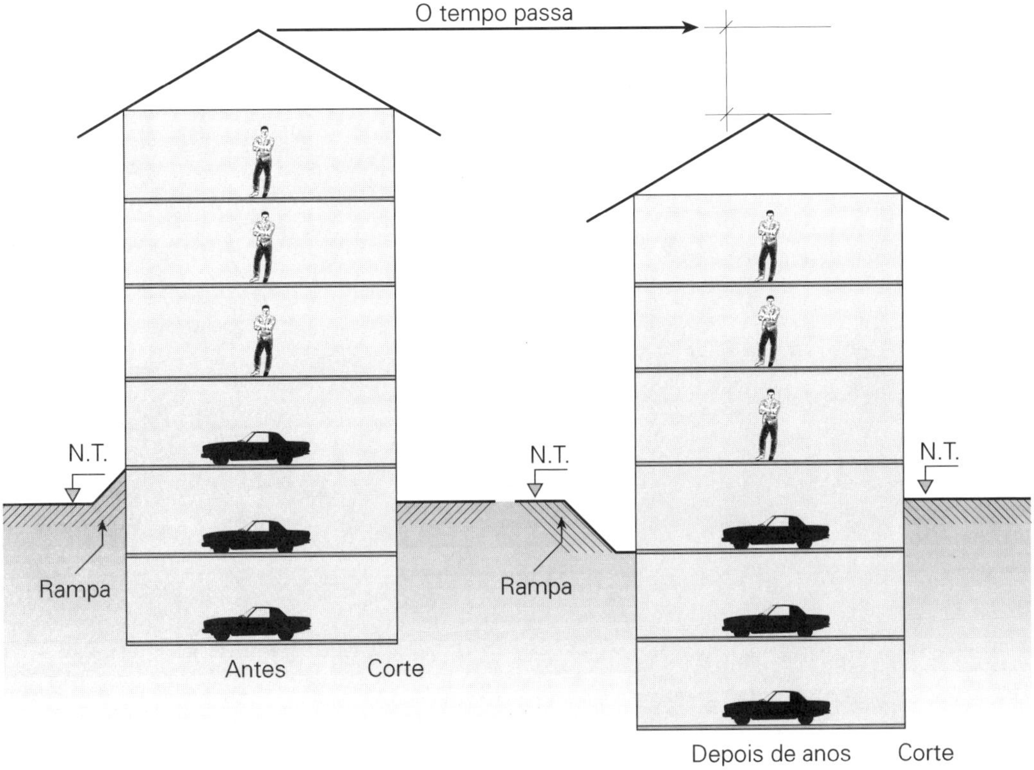

Considerando adicionalmente que o tipo da estrutura pode – e deve – condicionar o tipo de investigação do subsolo (fixação da profundidade da sondagem, necessidade de outros testes geotécnicos), então uma visão mais realista do encaminhamento dos estudos é:

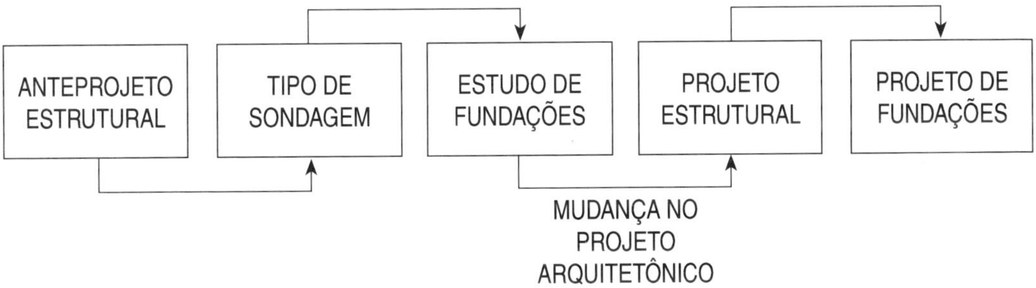

Parte I

4 — DISCUTINDO DETALHADAMENTE CADA UMA DAS VINTE SOLUÇÕES DE FUNDAÇÕES

CASO Nº 1 — CASA TÉRREA NO LOCAL 1

Tomando-se por base o estudo da estrutura da casa térrea, teremos uma carga distribuída de 2 t/m ao longo das paredes laterais externas e junto às fundações.

Considerando-se o excelente solo local (ver item 3.1.), o tipo mais econômico de fundação é a direita em solo raso, ou seja, por sapatas.(*) A única dúvida restante é:

Usar sapatas corridas ou isoladas?

Como a carga está distribuída ao longo da parede, vamos estudar o uso da sapata corrida, ou seja, uma sapata que se desenvolve ao longo de todas as paredes estruturais.

Veja a solução:

Como dimensionar essas sapatas?

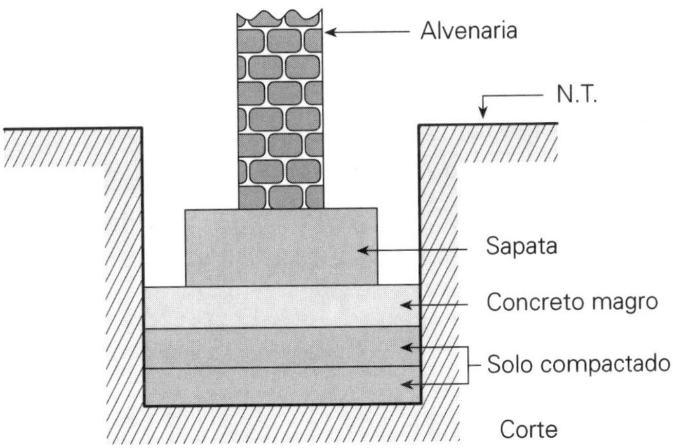

(*) A sapata quando corre ao longo de todas as paredes chama-se sapata corrida e na linguagem popular chama-se em alguns locais do país de alicerse, palavra sagrada em nossa cultura pois tanto sugere base e apoio.

O critério é o mesmo, tanto para sapatas corridas quanto para sapatas isoladas:

$$\sigma_{ad} = \frac{10\ SPT}{5}\ t/m^2 = \frac{SPT}{5}\ kg/cm^2$$

Válido para 5 < SPT < 20 golpes

Onde:

SPT corresponde à camada, sobre a qual iremos assentar a fundação

Notar que esta fórmula é válida para as fundações rasas.

Para maiores profundidades (caso de tubulões) ocorre a chamada "fundação confinada" e para um mesmo SPT a capacidade de carga do solo cresce.

No nosso caso de fundação rasa, à profundidade de um metro (profundidade mínima para fugir do terreno superficial cheio de raízes, detritos, etc.) o SPT do local 1 é de 16. logo:

$$\sigma_{ad} = \frac{SPT}{5} = \frac{16}{5} = 3{,}2\ kg/cm^2 = 32\ t/m^2$$

Como a nossa carga no solo é de 2 t/m e a área de sapata mínima é de 1 m. 0,4 m = 0,4 m^2, a tensão de trabalho será:

$$\sigma_{trabalho} = \frac{2}{0{,}4} = 5\ t/m^2 < 32\ t/m^2$$

Estamos numa situação folgadíssima. Nem precisaríamos usar sapatas. Bastaria fazer as paredes descerem até o solo. Todavia é recomendável a execução de sapatas com dimensão não inferior a 40 cm(*). Além disto, as sapatas oferecem a vantagem de criar solidariedade longitudinal. Se um trecho do solo for ruim (existência, por exemplo, de formigueiro), a sapata contínua distribui os esforços, como se fosse uma ponte sobre solo ruim.

A desvantagem da sapata corrida é exigir ao longo de todas as paredes: escavação, concreto magro(**) e o concreto da própria sapata.

Não seria melhor concentrar a carga em alguns pontos? Uma viga receberia então a carga das paredes e a distribuiria sobre as sapatas isoladas. Essa viga chama-se "baldrame".

Veja uma viga-baldrame descarregando a carga sobre sapatas isoladas:

(*) Está tecnicamente comprovado por ensaios experimentais que não é recomendável a execução de sapatas com dimensão (largura) inferior à 40 cm.

(**) Concreto magro = concreto pobre em cimento com a composição em volume 1:3:5 (cimento, areia, pedra)

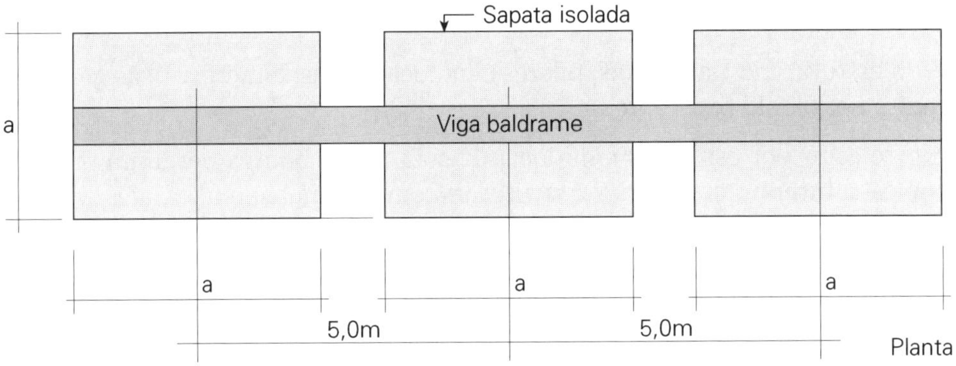

Cada sapata isolada receberá a carga de:

$$5 \text{ m} \cdot 2.000 \text{ kg/m} = 10.000 \text{ kg} = 10 \text{ t}$$

Como a taxa do terreno é de 32 t/m^2 então a área da sapata será:

$$S = \frac{10}{32}$$

Sendo sapata quadrada ($S = a \cdot a = a^2$) cada lado valerá:

$$a = \sqrt{\frac{10}{32}} = 0{,}60 \text{ m}$$

Logo a solução encontrada foi descarregar a carga em sapatas isoladas, quadradas, de 60 cm de lado.

Considerações importantes

1- A dimensão de 60 cm é aceitável, por ser próxima de 80 cm e tratar-se a "areia siltosa e argilosa"(*). A referência a 80 cm é dada pelo fato de ser essa a largura das placas utilizadas em estudos de Mecânica dos Solos para prever as capacidades de carga dos solos. Em qualquer caso a dimensão mínima de uma sapata é de 40 cm.

2- É fundamental a total retirada do aterro, face a presença de raízes, e matéria orgânica sobre as quais nada se pode apoiar. Aliás, a prática de se aprofundar um mínimo de um metro de superfície tem como um dos objetivos exatamente fugir do solo superficial, onde normalmente ocorrem entulhos, raízes, solos fracos, etc. Não esquecer de considerar a viabilidade de uma troca de solo na hora de se aprofundar.

(*) Para areias puras "solos granulares", sapatas com dimensões menores que 2,00 m sofrem uma redução de carga conforme prescrição da norma NBR 6122.

CASO Nº 2 — SOBRADO NO LOCAL 1

Sobrado estruturado (laje, vigas, pilares) em local, cujas características geotécnicas são muito boas. Solo resistente.

Neste caso, por estarmos num local de solo muito bom, a pergunta primeira é: porque estruturaram o sobrado? Estruturar, como já vimos, é usar lajes, vigas e pilares concentrando a descida de cargas pelos pilares. Se tivessemos suprimido vigas e pilares as cargas das lajes se distribuiriam nas paredes e estas descarregariam na fundação, diretamente. Veja no desenho a seguir.

No caso do sobrado, temos que acrescentar à carga da casa térrea (2.000 kg/m), o peso da alvenaria do andar superior e o peso da laje superior, carregada.

Assim, teremos as cargas:

cargas provenientes de telhado, forro e alvenaria de um andar (casa térrea)	
carga de alvenaria adicional	2.000 kg/m
carga do piso portante adicional	625 kg/m^2
	2.500 kg/m
Total	5.125 kg/m

Adotado – 5,2 t/m

Como vamos apoiar a nossa fundação no mesmo nível do solo da casa térrea, (caso nº. 1) a tensão admissível será a mesma ou seja:

$$\sigma_{ad} = \frac{SPT}{5} = \frac{16}{5} = 3{,}2 \text{ kg/cm}^2 = 32 \text{ t/m}^2$$

Calculemos a sapata para um metro de comprimento:

$$\sigma_{ad} = \frac{F}{s} \qquad F = \sigma_{ad} \cdot S$$

$$5.200 = 3{,}2 \cdot 100 \cdot L$$

$$L = \frac{5.200}{3{,}2 \cdot 100} = 16{,}2 \text{ cm.}$$

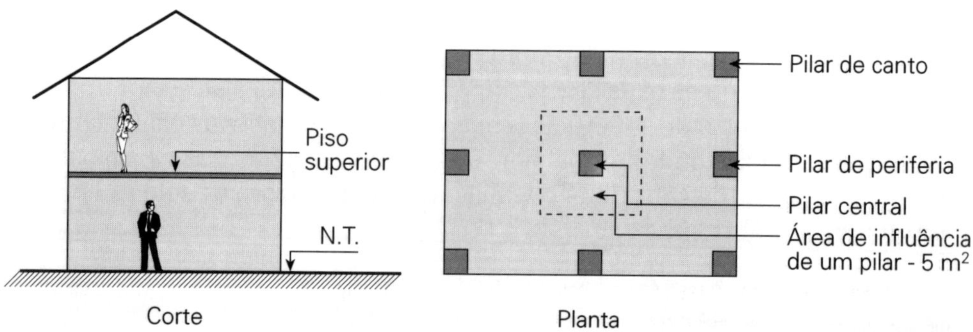

Corte

Planta

Não é razoável fazer-se sapata de 16 cm de largura, pois seria menor do que a própria espessura da parede.

Uma solução é adotar, como no caso n.° 1, sapatas isoladas unidas por viga-baldrame.

No nosso caso, temos a agravante de que o sobrado é geminado e não podemos usar sapata sem invadir o terreno vizinho (solução ilegal).

Teremos pois que usar sapata excêntrica mas com viga-alavanca como manda a norma NBR-6122 item 6.3. Veja:

Lembremos que as cargas dos pilares extremidades são de 10 t e 20 t. Assim, teremos:

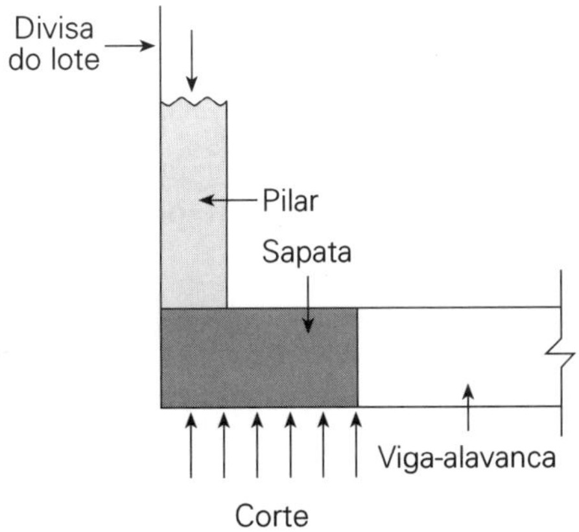

Como mostrado na descrição do sobrado (item 2.2. deste trabalho), a distância dos pilares é da ordem de 5 m. Logo para a 1ª fileira de pilares, temos:

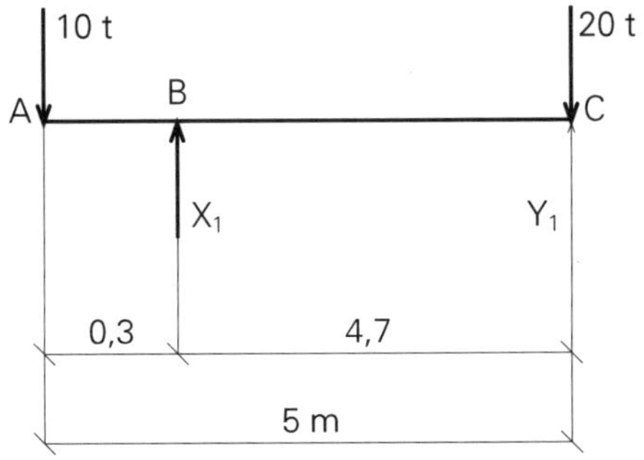

$$\sum M_c = 0$$

$$X_1 = \frac{10 \cdot 5}{4,7} = 10,6 \text{ t}$$

$$Y_1 = 10 + 20 - 10,6 = 19,4 \text{ t}$$

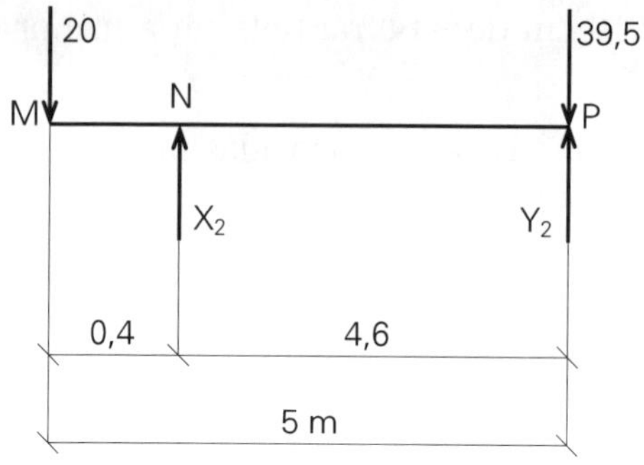

$$\sum M_p = 0$$

$$X_2 = \frac{20 \cdot 5}{4,6} = 21,7 \text{ t}$$

$$Y_2 = 20 + 39,5 - 21,7 = 37,8 \text{ t}$$

NOTA

As distâncias AB = 0,3 m e MN = 0,4 m correspondem a um pré-dimensionamento das sapatas excêntricas, quadradas, com lados de 0,6 m e 0,8 m.

Vemos que o uso da viga-alavanca constitui, em última instância, um artifício que nos permitiu transferir uma carga aplicada a um ponto situado no extremo do prédio, para o seu interior.

O custo desse arranjo é que as novas cargas (X_1 e X_2) são maiores do que as cargas de 10 t e 20 pois:

$$X_1 = 10,6 \text{ t}$$

$$X_2 = 21,7 \text{ t}$$

Agora podemos calcular a área necessária para cada sapata. Veja:

Como sabemos, nesse terreno o SPT na cota de fundação é 16 e então o σ_{ad} é:

$$\sigma_{ad} = \frac{F}{S}$$

$$\sigma_{ad} = \frac{SPT}{5} = \frac{16}{5} = 3,2 \text{ kg/cm}^2 = 32 \text{ t/m}^2$$

Logo as áreas das sapatas serão:

$$S = \frac{X_1}{3,2 \text{ t/m}^2} = \frac{10,6}{32} = 0,33 \text{ m}^2\text{, sapata quadrada com 60 cm de lado}$$

$$S = \frac{X_2}{3,2 \text{ t/m}^2} = \frac{21,7}{32} = 0,67 \text{ m}^2\text{, sapata quadrada com 85 cm de lado.}$$

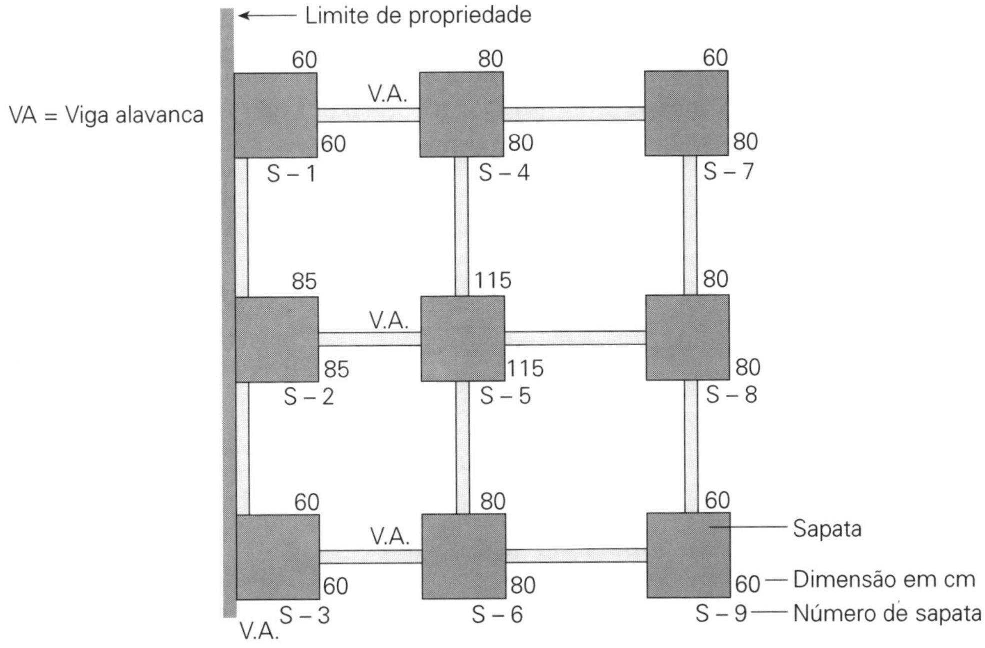

Planta

OBSERVAÇÃO

Teoricamente deveríamos adotar para as sapatas de divisa, seção retangular cuja menor dimensão seja perpendicular à divisa, diminuindo desta forma, a distância da carga ao centro de gravidade da sapata. Isto reduzirá ainda o momento aplicado à alavanca.

Deve-se respeitar sempre a relação sapata: $\frac{b}{a} = 2,5.$

Observações:

1- As vigas V. A. são alavancas, as demais constituem baldrames ou travamento;

2- As vigas-alavanca deverão receber as alvenarias de fechamento; suas cargas na fundação foram consideradas na avaliação da carga do 1° piso.

O cálculo da altura e a escolha da ferragem da sapata e viga alavanca não são de responsabilidade do engenheiro de fundações e sim, do calculista da estrutura.

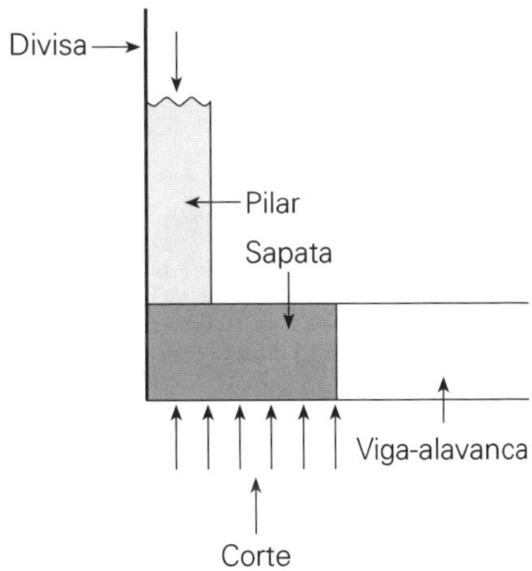

Corte

CASO Nº 3 — PRÉDIO NO LOCAL 1

O nosso prédio, neste caso nº 3, tem um andar subterrâneo e por isto a pressão d'água poderia preocupar. Acontece entretanto que a sondagem diz que o nível d'água é muito baixo e portanto não haverá a preocupante subpressão.

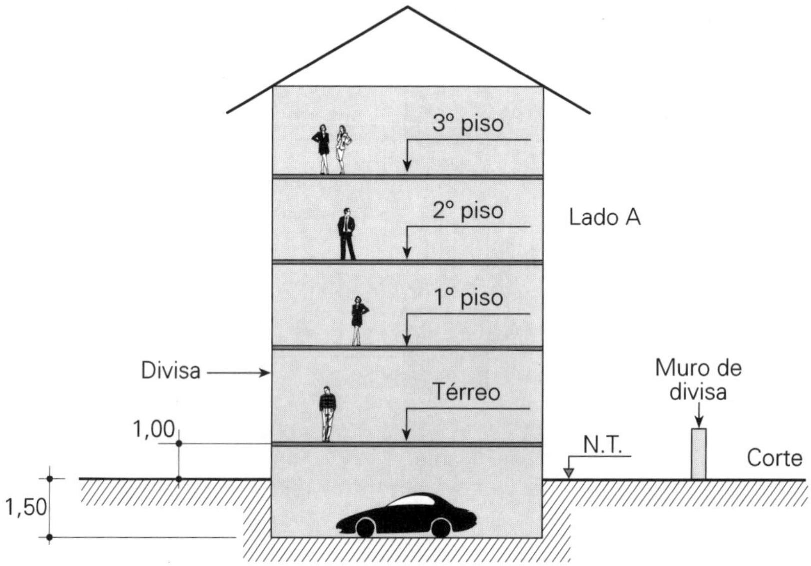

Não havendo subpressão estaremos na situação 2 do prédio (sem laje de subpressão).

Utilizaremos laje de piso não solidária à estrutura.

O prédio é geminado de um lado (limite de propriedade). Como o terreno é muito bom e o nível d'água é baixo a melhor solução para as fundações é a sapata. Usaremos sapatas centradas para os pilares internos, pilares do lado A e sapatas excêntricas alavancadas para as sapatas de divisa.

Calculemos essas sapatas de divisa admitindo-se que um dos lados tenha 80 cm (0,8 m).

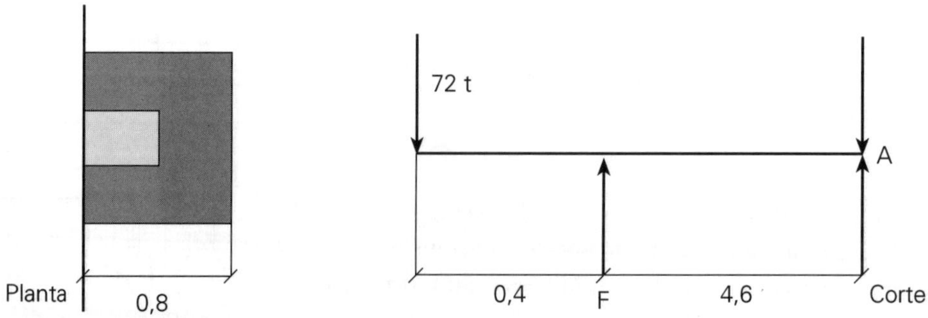

Ou seja, a sapata excêntrica será calculada como sapata <u>centrada</u> graças a uma viga alavanca que "centralizará a carga". Assim:

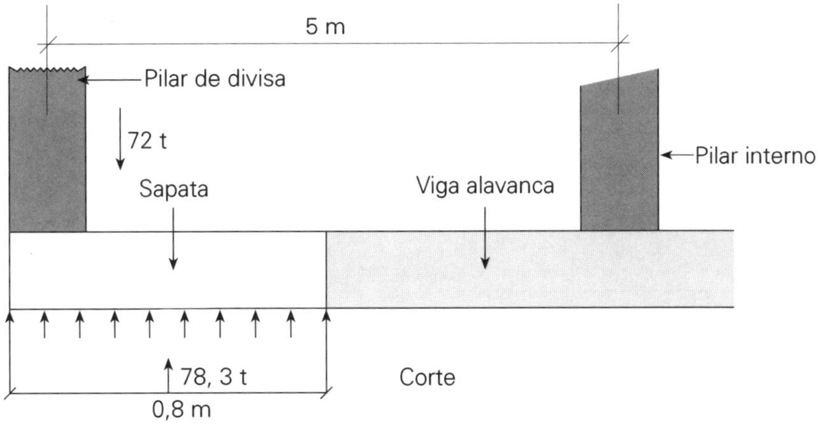

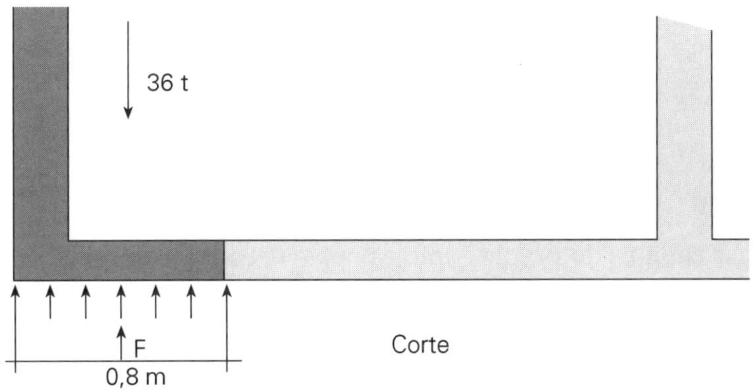

No caso da carga de 36t

Demais cargas (pilares internos)

36 t

72 t

142 t

152 t

Conhecidas as cargas dos pilares de divisa e dos pilares internos poderemos calcular as sapatas.

Vejamos uma seção do prédio:

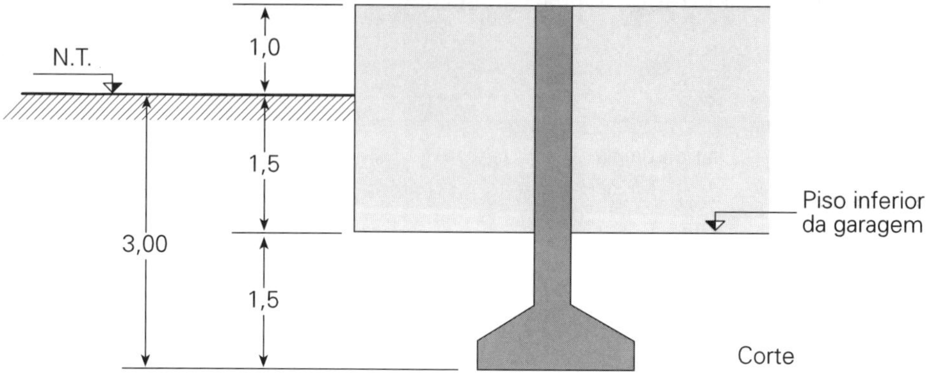

Analisamos o solo a uma profundidade de 3 m. O SPT é 21. A tensão admissível será:

$$\sigma_{ad} = \frac{SPT}{5} = \frac{21}{5} \cong 4 \text{ kg/cm}^2 = 40 \text{ t/m}^2$$

Como teremos 1,5 m de solo que não necessitamos remover, as normas técnicas nos permitem acrescer o peso efetivo de solo sobrejacente à fundação(*).

$$\sigma_{ad} = 4{,}0 + (0{,}17 \cdot 1{,}5) = 4{,}25 \text{ kg/cm}^2 = 42{,}5\text{t / m}^2$$

Logo, todas as sapatas do prédio serão calculadas com essa pressão admissível.

Exemplo de aplicação

Carga de 72 t

$$S = \frac{72 \text{ t}}{42{,}5 \text{ t/m}^2} = 1{,}69 \text{ m}^2 \text{ adotou-se sapata quadrada } 1{,}30 \cdot 1{,}30 \text{ m.}$$

Por esta, calculam-se todas as outras sapatas do prédio.

Observação:

1- Comentamos aqui o item 6.2 da norma NBR – 6122 que indica tensões admissíveis para os diversos tipos de solo que, no caso particular das argilas e areia, são:

(*) É o que se chama de fundação confinada.

Tipo de solo	Faixa do SPT	NBR-6122 Taxa (kg/cm²)(*)	SPT/5 (kg/cm²)
Argilas			
Média	6 – 10	1	1 – 2
Rija	11 – 19	2	2 – 4
Dura	> 19	4	4
Areias			
Medianamente compacta	9 – 18	2	2 – 3
Compacta	19 – 40	4	4
Muito compacta	> 40	6	4

Indicação preliminar para orientar anteprojetos com base na classificação geológica do solo.

Note que os valores expressos na coluna 3 são bastante próximos dos da coluna 4, o que vem a confirmar o acerto do critério expedito (simplificado) SPT/5.

2- Quando formos executar fundações temos que verificar o que foi feito em eventuais prédios próximos. O ângulo mostrado no desenho a seguir a recomendação, conforme o item 6.4.5.1. da norma NBR-6122.

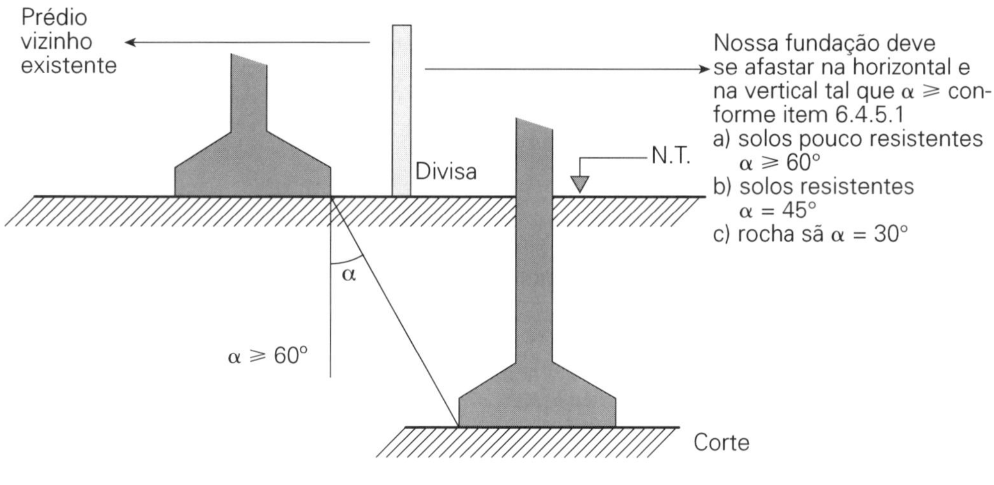

Essa prescrição da Norma deve-se ao fato de que, com este cuidado, não descalçaremos a fundação vizinha por não interferirmos no bulbo de pressões conforme mostrado na Ficha n.º 5.

CASO Nº 4 — GALPÃO INDUSTRIAL NO LOCAL 1

Nesta situação temos duas combinações de cargas sobre as fundações a considerar:

1- carga permanente mais vento e mais peso da fundação;

2- carga permanente mais sobrecarga mais peso da fundação

Notar:

1- quando ocorre vento, supõe-se que não haja sobrecarga;

2- os dados numéricos das cargas e momentos são de responsabilidade do fornecedor da estrutura metálica (diretamente ouvia seu projetista);(*)

3- usaremos fundação direta por sapatas, face ao bom terreno deste local.

Iniciamos o cálculo das fundações pela primeira hipótese de cargas ou seja:

Hipótese 1 – Carga permanente mais vento e mais peso da fundação

Segundo o fabricante da estrutura metálica, os esforços em cada pilar são:

$P_v = 1{,}9$ t (carga vertical)

$H_x = \pm\ 0{,}3$ t (esforço horizontal na direção X)

$H_y = \pm\ 0{,}1$ t (esforço horizontal na direção Y)

$M_x = \pm\ 1{,}4$ m (momento fletor na direção X)

A essas cargas, temos que acrescer a carga P_1 que é o peso da fundação (sapata).

Utilizando-se a fórmula da Residência dos materiais temos:

$$\sigma = \frac{P_1 - P_v}{S} \pm \frac{M}{W}$$

Momento de esforço axial atuando numa superfície S cujo módulo de resistência é W.

No nosso caso P é o peso de uma sapata retangular de concreto armado.

(*) O especialista de fundações deve alertar isso ao seu cliente e verificar se em seu contrato de fornecimento isso está escrito. Transmissão de informações só por escrito, atendido o formalismo documental. Faça atas de reunião.

Teremos o seguinte esquema:

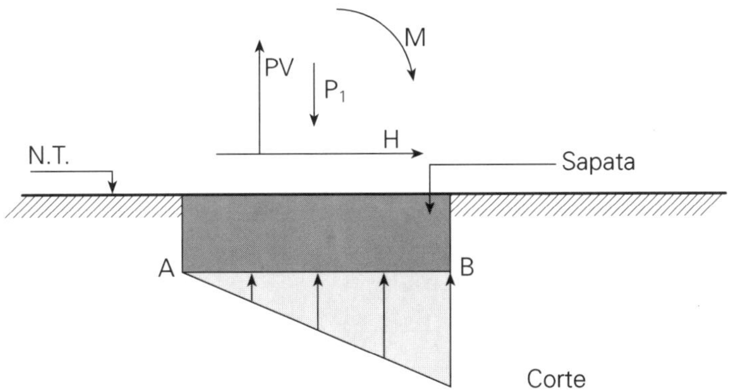

Peso da fundação

$$P1 = b \cdot h \cdot l \cdot 2{,}4\ t/m^{3\,(*)}$$

Em B teremos a máxima tensão de compressão.

A situação limite aceitável é que no ponto A não haja tensão. Se a situação passasse do limite, a sapata se deslocaria do terreno em A .

Imporemos então a condição de termos toda área comprimida sem deslocamento em A . Logo no ponto crítico A teremos tensão nula:

$$\sigma = \frac{P_1 - P_v}{S} \pm \frac{M}{W} = 0$$

$$P_1 - P_v = bhL \cdot 2{,}4 - 1{,}9$$

$$S = b \cdot L$$

$$M = 1{,}4\ t/m$$

$$\frac{P_1 - P_v}{S} = \frac{M}{W} = 0 \qquad \frac{bhL \cdot 2{,}4 = 1{,}9}{L \cdot b} - \frac{1{,}4}{\frac{Lb^2}{6}} = 0$$

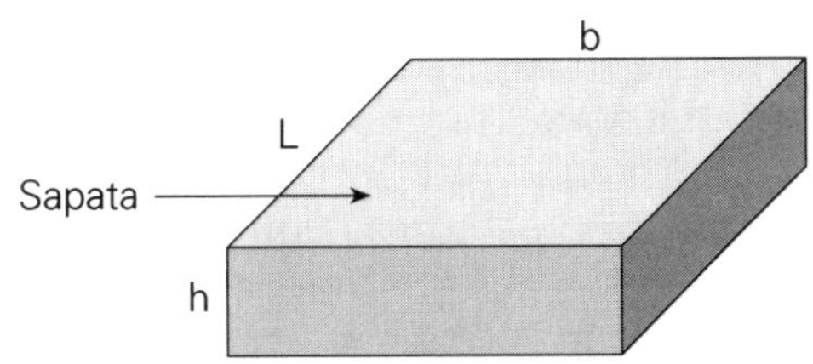

(*) 2,4 t/m^3 é o peso específico do concreto simples

Impondo-se b = 3,0 m, h = 1,0 m resulta como solução de equação: L = 0,65 m.

Já conhecendo a largura L = 0,65 m da sapata, e tendo sido calculada para a condição limite de não termos deslocamento da relação sapata × solo (ponto A), temos agora que estudar a segunda situação limite que é um eventual excesso de tensão de compressão no ponto B. No ponto B a tensão de compressão vale:

$$\sigma_B = \frac{P_1 - P_v}{bL} + \frac{M}{W} = \frac{b \cdot h \cdot L \cdot 2,4 - 1,9}{b \cdot L} + \frac{1,4}{\frac{Lb^2}{6}}$$

Substituindo:

$$\sigma_B = \frac{3,0 \cdot 1,0 \cdot 0,65 \cdot 2,4 - 1,9}{3 \cdot 0,65} + \frac{1,4}{\frac{0,65 \cdot 3^2}{6}} = 2,8 \text{ t/m}^2 = 0,28 \text{ kg/cm}^2$$

$$\sigma_B = 2,8 \text{ t/m}^2 = 0,28 \text{ kg/cm}^2.$$

Logo a tensão B vale 2,8 t/m^2. Se compararmos essa tensão com a tensão admissível do solo nessa profundidade; e que é calculada como já visto:

$$\sigma_{ad} = \frac{SPT}{5} = \frac{16}{5} = 3,2 \text{ kg/cm}^2 = 32 \text{ t/m}^2.$$

Vemos que na segunda condição (limite de compressão em B) estamos muito folgados pois σ trabalho = 2,8 t/m^2 << σ ad = 32 t/m^2.

Vemos pelo exposto que mesmo quando age o vento:

- não há deslocamento em A;
- não há excesso de compressão em B.

Pelo item 5.5.3 da norma NBR 6122 poderíamos majorar σ_{ad} em 30% por se tratar de ação do vento (esforço de curta duração).

O item 6.3.1.3. admite a ação de cargas excêntricas à fundação com deslocamento do ponto A.

Vamos então explorar (no bom sentido) essa abertura da norma e fazer com que a força se desloque do centro da sapata, mas fique nos limites do núcleo central de inércia e vejamos as conseqüências nos pontos A e B.

Veja a seção da sapata

$M = 1{,}4$ tm

$P = P_1 - P_v$ = peso da sapata $- P_v$

$= b \cdot h \cdot L \cdot 2{,}4 - 1{,}9$

$= 3 \cdot 1{,}0 \cdot 0{,}65 \cdot 2{,}4 - 1{,}9b = P = 2{,}78$ t

$$e_1 \frac{M}{P_v} = \frac{1{,}4}{2{,}78} = 0{,}5 \text{ m.}$$

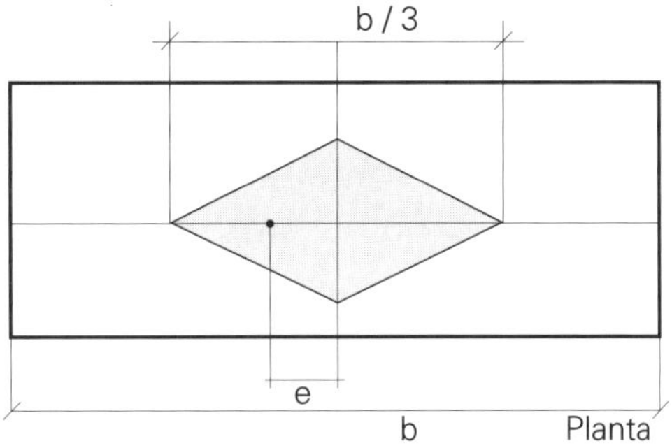

Extensão do núcleo central $= \frac{b}{3} = \frac{3}{3} = 1{,}0$m. Para cada lado a extensão do núcleo vale 0,5 m que é o mesmo valor da excentricidade e_1.

Conclusão: A força que gera o momento fletor tem uma excentricidade de 0,5 m (e_1) e isso é exatamente a meia extensão do núcleo central. Logo a força está no limite do núcleo central. (fato que gera tensão nula no Ponto A).

Vamos agora tentar diminuir o consumo de concreto e façamos a medida b igual a 2,50 m, ao invés de 3,0. Nesse caso teremos:

$$\sigma = \frac{2{,}5 \cdot 0{,}65 \cdot 1 \cdot 2{,}4 - 1{,}9}{2{,}5 \cdot 0{,}65} \pm \frac{1{,}4}{\frac{0{,}65 \cdot 25^2}{6}}$$

$$\sigma = 1{,}23 \pm 2{,}06 \begin{cases} \sigma_A = (-)0{,}083 \text{ kg/cm}^2 = (-)0{,}83 \text{ t/m}^2 \\ \sigma_B = 0{,}329 \text{ kg/cm}^2 = 3{,}29 \text{ t/m}^2 \end{cases}$$

A tensão negativa em A indica descolamento. Verifiquemos se haverá ou não tombamento.

Consideremos e_1 e e_2 como sendo as excentricidades nas duas direções. No nosso caso só temos excentricidade numa direção (longitudinal), pois só temos momento na direção x.

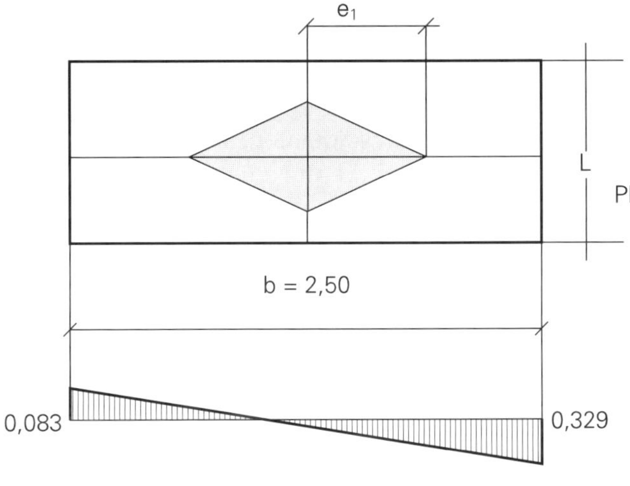

Usemos a fórmula:

$$\left(\frac{(e_1)}{b}\right)^2 + \left(\frac{(e_2)}{L}\right)^2 \leq \frac{1}{9}$$

$e_2 = 0 \qquad e_1 = ?$

Cálculo de $P_v = b \cdot L \cdot 2{,}4 - 1{,}9 = 2{,}5 \cdot 1 \cdot 0{,}65 \cdot 0{,}65 \cdot 2{,}4 - 1{,}9 = 2$ t

$$e_1 = \frac{M}{P_v} = \frac{1{,}4}{2} = 0{,}7 \text{ m}$$

Verifiquemos a condição contra o tombamento:

$$\left(\frac{(e_1)}{b}\right)^2 + \left(\frac{(e_2)}{L}\right)^2 = \left(\frac{(0{,}7)}{2{,}50}\right)^2 + (0) = 0{,}078 \leq \frac{1}{9} = 0{,}11 \text{ m}$$

condição satisfeita.

Esta condição impõe que o centro de gravidade da sapata fique na zona comprimida do diagrama, para garantia do não tombamento da sapata.

Vamos verificar os esforços horizontais. Teoricamente teríamos que considerar o momento gerado por este esforço, ou seja:

$M_h = f_h \cdot h$

$H = 1{,}0$ m

$M_h = 0{,}3 \cdot 1 = 0{,}3$ tm

$M_{hy} = 0{,}1 \cdot 1 = 0{,}1$ tm

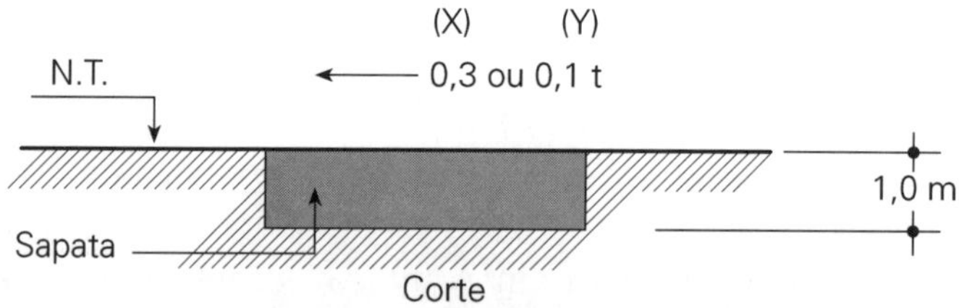

Nesta condição adicionamos o momento fletor causado pela força horizontal ao momento fletor principal (dado pelo fabricante). Porém neste caso faremos a hipótese destes esforços serem absorvidos pelo confinamento da sapata no terreno resistindo aos esforços horizontais e aos momentos fletores que estas causam.

Para a prevalência do exposto é necessário que a sapata seja concretada sem formas, sem folgas, confinada no terreno. No caso disso ser inviável então as folgas devem ser preenchidas com solocimento(*) ou concreto magro. Resta verificar a tensão de confinamento horizontal que a força horizontal transmite ao terreno.

Deve-se fazer neste caso a seguinte verificação:

$$\sigma = \frac{F}{S} = \frac{300}{L \cdot h} = \frac{300}{65 \cdot 100} = 0{,}046 \text{ kg/cm}^2$$

o que se trata de uma tensão desprezível. Se este valor for muito alto (normalmente é muito baixa) o correto é fazer a consideração do momento gerado na base da

(*) Solocimento: mistura de muito solo e pouco cimento

fundação. Resumo do visto até aqui: já vimos a condição de carga permanente mais vento. Vejamos agora a condição de carga permanente mais sobrecarga onde atuará tão somente a carga de 2,5 t em cada pilar do galpão.

Hipótese 2 — Carga permanente mais sobrecarga mais peso da fundação

Dos dados do fornecedor do galpão e do peso da fundação resulta:

$$\sigma = \frac{\text{Carga do pilar + peso do bloco}}{\text{área do bloco}} = \frac{2{,}5 + b \cdot h \cdot L \cdot 2{,}4}{b \cdot L} \quad (*)$$

onde b = 2,5 m L = 0,65 m

$\sigma = 0{,}39\ kg/cm^2 = 3{,}9\ t/m^2$ que é inferior à tensão admissível do terreno e que vale 32 t/m^2. Logo, não há problemas nesta hipótese.

CASO Nº 5 — CASA TÉRREA NO LOCAL 2

Neste caso temos um terreno superficial de características ruins (aterro(**), sobre uma argila mole). Para fundações de uma casa térrea nesse caso podemos adotar sapata corrida sobre a argila mole, removendo-se a camada de aterro. (camada superficial).

Temos:

Carga 2.000 kg/m de fundação (2 t/m)

Adotando – se:

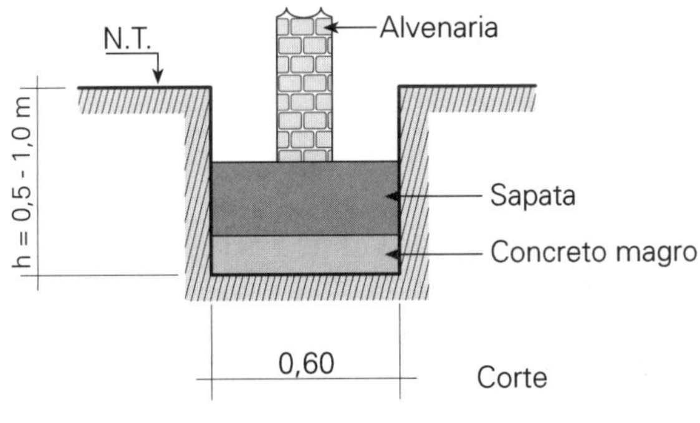

$$\sigma = \frac{2.000}{60 \cdot 100} = 0{,}33\ kg/cm^2 = 3{,}3\ t/m^2.$$

(*) 2,4 t/m^3 é o peso específico do concreto simples, 2,5 t/m^3 concreto armado.

(**) Chama-se aterro a colocação pelo homem de solo com a finalidade de nivelar o terreno eliminando depressões inconvenientes. Como ênfase didática, antes de Adão e Eva em nenhum lugar do mundo havia aterros.

A fundação está transmitindo ao solo uma carga de 3,3 t/m^2.

O solo deve resistir (se puder) a essa carga que é baixíssima.

Um solo que não resiste à carga de 3,3 t/m^2 nem está classificado como solo resistente em tabela, pois essas taxas são baixíssimas. Um solo com SPT = 3 já resistiria ao superbaixo peso próprio que uma pessoa transmite ao solo.

Porém neste caso por estarmos num solo de argila porosa não se aconselha o uso de fundação direta, nem com taxas baixíssimas. Não devendo usar-se fundações diretas, temos que usar fundações profundas$_{(*)}$. Adotaremos brocas de d 20 cm a cada 2,5 m, ligadas por uma viga de distribuição.

Cálculo de carga na broca:

$$F = 2\ t/m \cdot 2{,}5\ m = 5\ \text{toneladas}$$

Pela fórmula do Door (ficha N°. 9).

$$R = \frac{\pi d^2}{4} \cdot \gamma \cdot H \cdot tg^2\left(45 + \frac{\phi}{2}\right) + \frac{\pi}{2} \cdot \gamma \cdot H^2 \cdot d \cdot R\ (1 + tg^2\phi)$$

$$R = \frac{\pi \cdot 20^2}{4} \cdot 0{,}0017 \cdot 600 \cdot tg^2\left(45 + \frac{35°}{2}\right) + \frac{\pi}{2} 0{,}0017 \cdot 600^2 \cdot 20 \cdot 0{,}15(1 + tg^2\ 25°)$$

$$R = 1.182 + 3.511 = 4.700 \cong 5\ t.$$

H = 600 cm

γ = 0,0017 kg/cm^3 (densidade do solo)

ϕ = 35° para areia

R = 0,15 terra vegetal

d = 20 cm diâmetro

ϕ = 25° terra vegetal

Obs: Não consideramos o atrito lateral na parte em areia. Logo a carga de 5 t é razoável, ou até conservadora.

O comprimento previsto será em torno de 5 a 6 metros, ou seja, até atingir a camada de areia. Neste caso tivemos o cuidado de levar a sua ponta a um terreno consistente (ver sondagens local n° 2).

Brocas de d 25 possuem maior capacidade de carga, porém devem ser evitadas pois requerem muito esforço braçal na sua execução.

Notemos que esta é a condição ideal de brocas, o fuste na argila e a ponta na areia(**). A resistência de ponta na areia para estacas é cerca de 3 vezes maior que a resistência na argila.

(*) Ver descrição do local N°. 2

(**) Ver ficha técnica N°. 2 – item C – Assunto "Néctar dos Deuses"..

CASO Nº 6 — SOBRADO NO LOCAL 2

Estamos, como se sabe, num local ruim (argila porosa). Tão ruim é o solo que no caso de casa térrea (caso Nº. 5) a solução foi usar brocas. No caso do sobrado, onde as cargas são maiores, poderíamos usar:

a) brocas,

b) super brocas, ou sejam as estacas Strauss,

c) as estacas pré-moldadas de concreto armado.

Vejamos as razões que nos levam a optar pela estaca Strauss.

- o preço por metro da estaca Strauss costuma ser menor que a estaca de concreto armado,
- a estaca Strauss não tem perdas pois não há sobras a quebrar (arrasar),
- o custo de mobilização do equipamento da estaca Strauss é menor que o custo de mobilização do bate estaca da estaca de concreto armado.

A estaca Strauss no nosso caso Nº. 6, terá comprimento de 7 a 8 m, penetrando de um a dois metros na camada de areia.

Usaremos uma ou duas estacas Strauss por pilar, usando um bloco de ligação entre o pilar e as estacas.

Por estarmos diante de um sobrado geminado, onde descem cargas pelo muro de divisa, surge nos pilares de divisa o problema da excentricidade com relação à estaca.

Logo teremos que usar:

- uma estaca no pilar de divisa fora da vertical do C.G. (Centro de Gravidade) do pilar,
- viga alavanca.

Veja o desenho ao lado

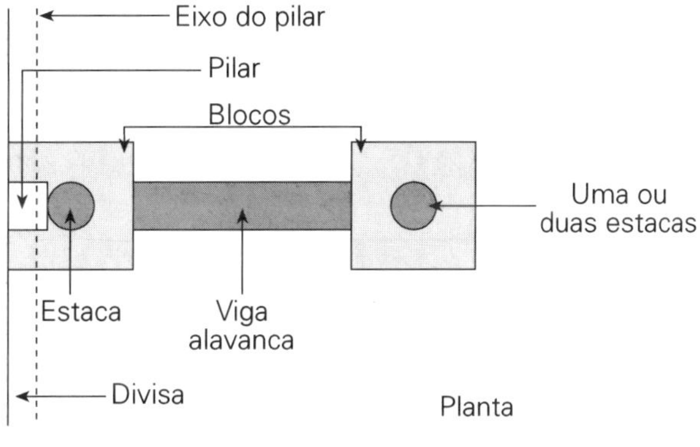

Veja como ficou:

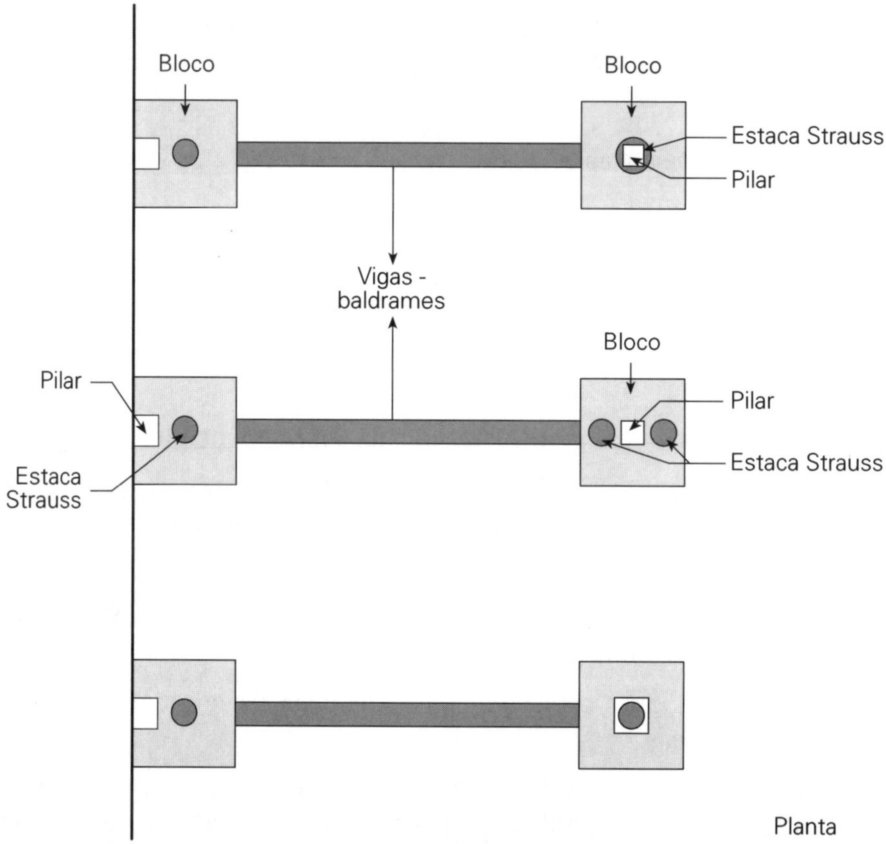

Planta

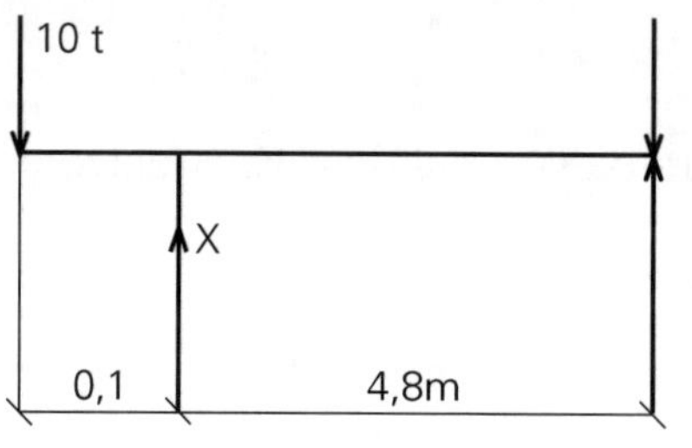

$$X = \frac{10 \cdot 4{,}9}{4{,}8} = 10{,}3\ \text{t}$$

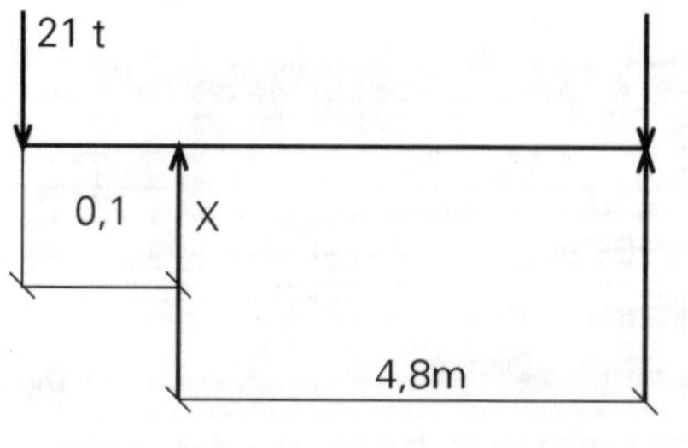

$$X = \frac{21 \cdot 4{,}9}{4{,}8} = 21{,}5\ \text{t}$$

As estacas devem ter capacidade de carga o mais próximo possível de carga do pilar (não exceder muito), pois isto geraria condições favoráveis a recalques diferenciais. (Ex.: recalques são aceitos com reservas, porém se num dos pilares tivermos recalques muito maiores(*) que nos demais, provavelmente surgirão trincas nas alvenarias).

A altura do bloco e suas dimensões externas (face de bloco ao eixo da estaca) devem ser confirmadas pelo projetista da estrutura.

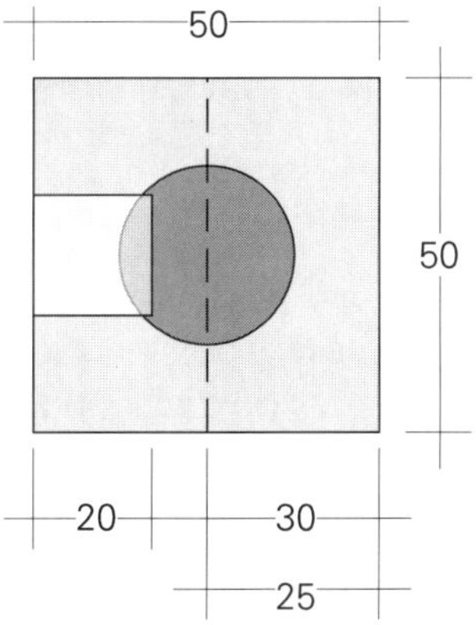

ø 25 cm – 20 t
h = 40 cm

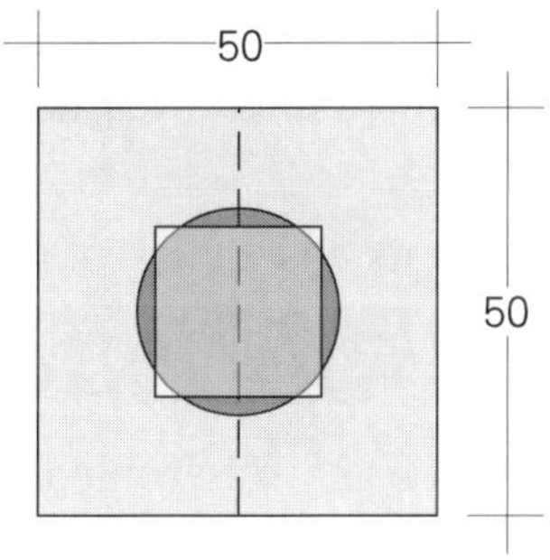

ø 25 cm – 20 t
h = 40 cm

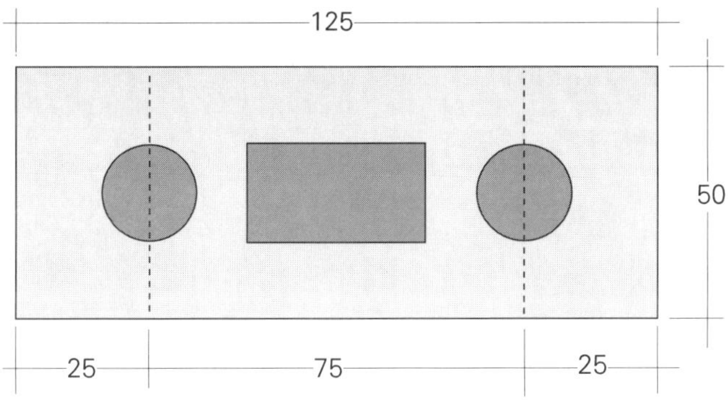

ø 25 cm – 20 t
h = 70 cm

(*) Num estaqueamento, acontecendo num local recalques muito menores que nos outros, isso também pode ser uma desgraça pois o que preocupa sempre é a diferença de recalques.

Verificação da carga de trabalho por correlações com SPT

Deveremos ter um comprimento de estacas Strauss que atravesse camadas cujo somatório do SPT seja maior ou igual a 70. Da observação do perfil da sondagem do local 2, indica que o comprimento de estaca deve ser de 8 a 9 m dando a seguinte somatória de SPT = 3 + 4 + 5 + 3 + 5 + 5 + 20 + 34 = 79.

Enfatizamos aqui a estaca Strauss não deve ser utilizada em terrenos arenosos em presença d'água (fechamento do furo durante a concretagem podem seccionar a estaca). Neste caso, em parte é possível, pois temos solos sem água (devemos parar 1,00 m acima do nível d'água para não corrermos riscos de desbarrancamento).

CASO Nº 7 — PRÉDIO NO LOCAL 2

Tomaremos as cargas que não consideram a laje de subpressão, pois não temos nível d'água. Calcularemos primeiro as novas cargas das fundações de divisa, porém antes faremos uma análise do tipo de fundação a utilizar, a fim de calcularmos com maior exatidão os blocos e alavancas da divisa.

Utilizaremos estacas pré-moldadas de concreto armado(*) pelos motivos abaixo:

- adequação às cargas dos pilares e uniformidade de comprimento de cravação (resultando pouca sobra);
- para cargas mais altas seus preços são bastante semelhantes aos das estacas Strauss, portanto resultando uma escolha econômica;
- igualmente para cargas mais altas é tecnicamente mais aconselhável por serem estacas mais confiáveis que as Strauss.

Agora faremos a escolha de qual estaca (carga adotada) escolheremos. Destacamos aqui alguns princípios:

- utilizar poucos tipos de estacas, variando a quantidade delas nos blocos;
- utilizar o máximo possível a capacidade de carga da estaca. (ex.: pilar 110 t com 3 estacas de 50 toneladas – errado).(**)

Vejamos as cargas dos pilares:

- 152 t
- 142 t
- 72 t
- 36 t

(*) As estacas de concreto armado são peças premoldadas com seção quadrada ou circular, produzidas industrialmente com vários comprimentos com dispositivo de prolongamento de comprimento.

(**) Os motivos econômicos são óbvios. Há razões técnicas também. Se superdimensionamos uma estaca podem ocorrer recalques diferenciais, com conseqüências terríveis.

Podemos utilizar 3 estacas de 50 t para pilares de 152 t e 142 t e 2 estacas de 40 t para pilar de 72 t e uma estaca de 40 para o pilar de 36 t. Veremos, no dimensionamento dos blocos, que seu peso não será maior que 5% da carga do pilar, ficando portanto as cargas resultantes aquém das cargas admissíveis das estacas no caso do pilar de 152 t.

Verifiquemos o comprimento provável das mesmas. Estas estacas trabalharão predominantemente por ponta, pois deverão penetrar cerca de 1 a 2 m na areia e parar próximo do nível d'água, portanto com comprimentos de 7 a 8 m.

Utilizaremos dois critérios para o cálculo do comprimento das estacas:

1 – Somatória dos SPT. Deve ser maior ou igual a 70 a 80.

Olhando as sondagens vemos que isso ocorre a 8 metros (ver caso no. 16).

2 – Cálculo pela fórmula de Decourt – Quaresma.

Esta fórmula de autoria dos colegas brasileiros Luciano Decourt e Arthur R. Quaresma estipula que a capacidade de carga de uma estaca (estaca pré-moldada, estaca Strauss) é dada pela fórmula:

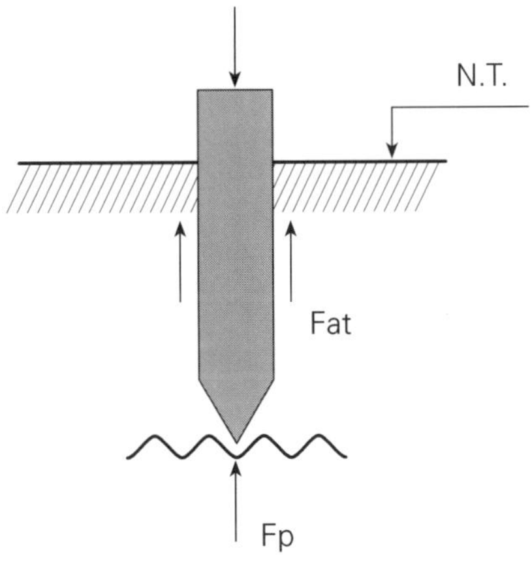

$$F = \frac{F_{at} + F_p}{k}$$

onde:

F = Capacidade de carga da estaca

F_{at} = Resistência de atrito

F_p = Resistência de ponta

$k = 2$ = (coeficiente de segurança)

Vejamos como calcular F_{at} (Força de Atrito)

$F_{at} = A_l \cdot Co$

A_l = área lateral

Co = Coeficiente conforme Tabela 1

Tabela 1

SPT (médio ao longo do fuste)	Adesão C_0 (t/m²)	Adesão C_0 (kg/cm²)
3	2	0,2
6	3	0,3
9	4	0,4
12	5	0,5
15	6	0,6

Vejamos como calcular F_p (Força de Ponta):

$F_p = A_p \cdot C_1 \cdot SPT$

A_p = área de ponta

C_1 = coeficiente, ver tabela 2

SPT = média do SPT na ponta, 1 m acima e 1 m abaixo

Tabela 2

Solo	C_1 – Coeficiente de resistencia de ponta (t/m²)	(kg/cm²)
Argilas	12	1,2
Siltes argilosos	20	2,0
Siltes arenosos	25	2,5
Areias	40	4,0

Não consideraremos a contribuição do trecho em argila porosa. Na prática, a contribuição desse trecho existe e fica a favor da segurança.

$$F_{at} = 35 \cdot 3{,}1416 \cdot 0{,}6 \cdot 100 = 6.598 \text{ kg} = 6{,}5 \text{ t}$$

$$F_p = \frac{35^2 \cdot 3{,}1416}{4} \cdot 4{,}0 \cdot 40 = 153.938 \text{ kg} = 153{,}9 \text{ t}$$

$$F_{trab} = \frac{6{,}5 + 153{,}9}{2} = 80{,}2 \quad \text{maior 50 t que foi a premissa adotada.}$$

Para mais detalhe dessa fórmula leia-se a Revista Construção São Paulo – nº. 1800 (9 de agosto de 1982).

Projeto dos blocos

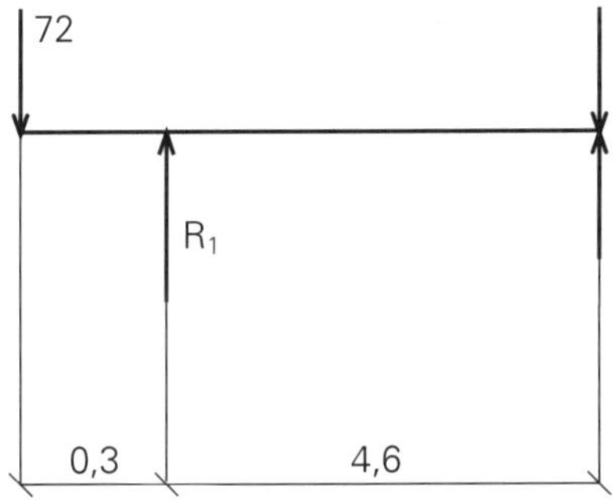

$$R_1 = \frac{72 \cdot 4{,}9}{4{,}6} = 76{,}70 \text{ t}$$

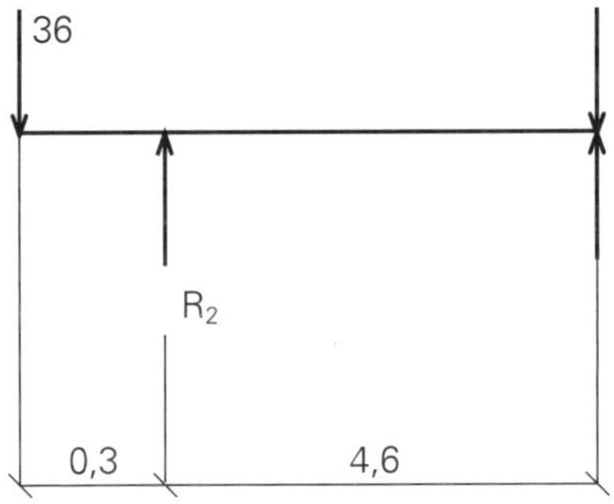

$$R_2 = \frac{36 \cdot 4{,}9}{4{,}6} = 38{,}35 \text{ t}$$

OBSERVAÇÃO

A folga do eixo da estaca a divisa poderia ser menor (30 cm) porém adotamos 40 cm por pequenas distorções na parede de divisa.

Vimos o cálculo do comprimento da estaca pelos critérios de:

- Resistência das camadas,
- Fórmula de Decourt – Quaresma.

Esses critérios são os chamados "critérios estáticos". Há o chamado "critério dinâmico", ou seja, utiliza informações obtidas na cravação. Utiliza o conceito de "nega" *que é a medida em mm da penetração da estaca no terreno, após dez pancadas sucessivas do martelo.* Quando isso ocorre, pára-se a cravação e calcula-se a capacidade da carga de estaca. Na fase de projeto calcula-se a capacidade de carga e da qual resulta a nega desejada. Uma das muitas fórmulas dinâmicas é a chamada "fórmula dos holandeses".

$$\therefore E = \frac{A^2 \cdot h}{R(A+P)}$$

onde:

R = Capacidade da estaca (t) × 10 → usaremos estaca de 40 t
A = peso do pilão (t)
h = altura de queda (m)
P = peso de estaca (t)
E = penetração da estaca por pancada (nega)

Como mostrado multiplica-se, para entrar na fórmula, a capacidade da estaca por dez. O peso da estaca (Ø 0,3 m) de comprimento 8 m é

$$P = \frac{\pi d^2}{4} \times L \times 2.400 \text{ kg/m}^3 = \frac{3{,}1416 \times 0{,}3^2}{4} \times 8 \text{ m} \times 2.400 = P = 1{,}35 \text{ t}$$

$$A = (\text{peso do pilão}) = 1{,}35 \text{ t}$$

$$h = (\text{altura de queda}) \text{ de } 1{,}0 \text{ m}$$

$$E = \frac{A^2 \times h}{r(A+P)} = \frac{1{,}35^2 \times 1{,}0}{40 \times 10(1{,}35+1{,}35)} = 0{,}00168 \text{ m}$$

$E = 1{,}68$ mm/pancada e, portanto, a nega é 16,8 mm.

NOTAS

1- Não existe a necessidade de ocorrer condições de nega em todos os estaqueamentos. Há fundações por estacas em que se prevê que não ocorrerá nega.
2- Neste caso nº. 7 estudamos a utilização de estacas. Não é fora de cogitação o uso de tubulões a céu aberto.
3- Relembrem: Nega é a medida em mm da penetração da estaca no terreno, após dez pancadas sucessivas do martelo.

Na verdade, só é possível um cotejo de solução entre tubulão e estacas pré-moldadas de concreto armado depois de receber propostas de firmas especializadas em fornecimento e cravação de estacas e analisar o custo de execução de tubulões. Do confronto dos dois custos se escolhe a melhor solução.

CASO Nº 8 — GALPÃO INDUSTRIAL NO LOCAL 2

O local 2 não permite fundações rasas pelas suas péssimas condições geotécnicas. Pelo que já sabemos, usaremos fundações profundas.

No caso do galpão, diante de baixas cargas, optamos pelo uso de brocas de 5 t.

Recordemos os esforços indicados pelo fornecedor de estruturas:

$P_V = 1{,}9$ t

$H_x = \pm\ 0{,}3$ t

$H_y = \pm\ 0{,}1$ t

$M_x = \pm\ 1{,}4$ tm

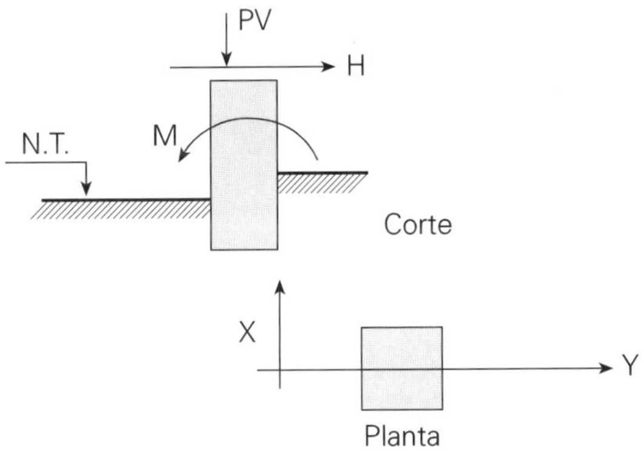

A – Condição de ocorrência de vento

Vamos estudar o que acontece na fundação quando ocorre vento.

Vamos estudar a solução usando blocos de 2 estacas (brocas) cada uma com 5 t de capacidade.

Utilizando um par de estacas temos:

$$R = \frac{P}{N} \pm \frac{Me}{\Sigma e^2} \quad (*)$$

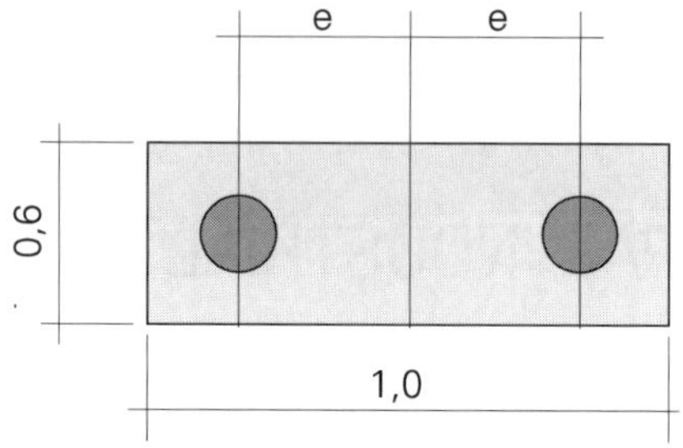

P = carga na fundação (carga do pilar + bloco)

N = número de estacas

e = distância da estaca ao CG do bloco

R = carga da estaca

M = momento fletor aplicado à fundação

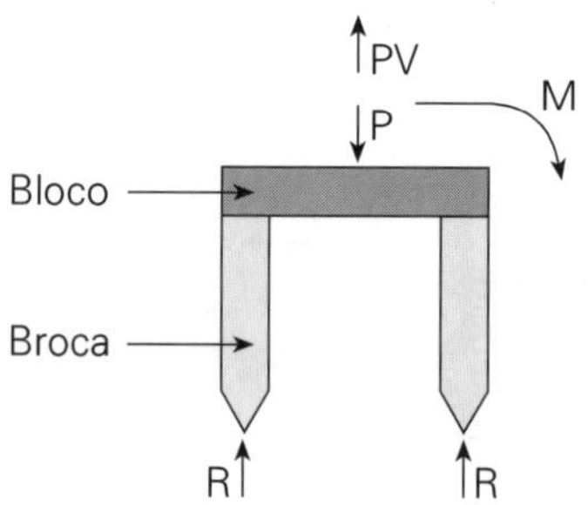

$$\text{Peso do bloco} = 1{,}5 \cdot 6 \cdot 1{,}0 \cdot \Upsilon = 1{,}5 \cdot 6 \cdot 1{,}0 \cdot 2{,}4 = 2{,}16\ \text{t}$$

$$R = \frac{2{,}16 - 1{,}9}{2} \pm \frac{1{,}4 \cdot 0{,}5}{0{,}25 \cdot 2}$$

$$R = 0{,}13 \pm 1{,}4 \begin{cases} +1{,}53\ \text{t (compressão)} \\ -1{,}27\ \text{t (tração)} \end{cases}$$

Verificamos pelos cálculos que a carga de compressão é de 1,53 t, muito menor que a capacidade da broca que é de 5 t. 0 que preocupa é que está havendo arranca-

(*) Fórmula da Resistência dos Materiais

mento (tração) na broca e isso equivale a quase 25% da capacidade da broca. Isso é inaceitável!!! No máximo aceitaríamos 10%.

OBSERVAÇÃO

Uma tração nas estacas de até 10% do valor da carga de trabalho é admissível, porém neste caso como as brocas estão trabalhando predominantemente por ponta, é mais seguro eliminar qualquer tração nas estacas.

Vamos então aumentar o bloco para quatro estacas (brocas).

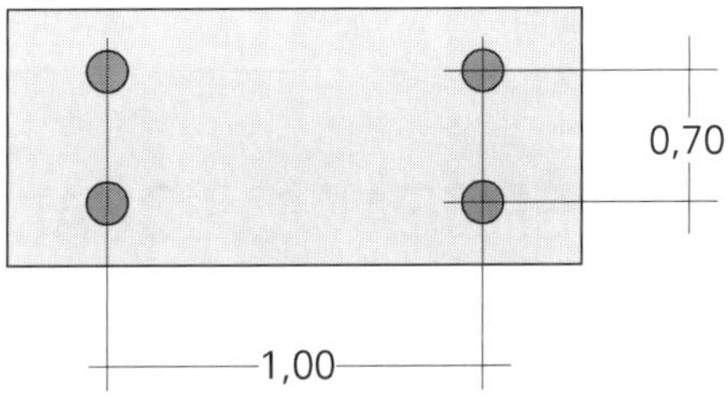

$$H = 1{,}2 - \text{ (altura do bloco)}$$

$$P_{\text{próprio}} = 1{,}5 \cdot 1{,}1 \cdot 1{,}2 \cdot 2{,}4 = 4{,}75$$

$$R = \frac{4{,}75 - 1{,}9}{4} \pm \frac{1{,}4 \cdot 0{,}5}{4 \cdot 0{,}25}$$

$$R = 0{,}7 \pm 0{,}7 \begin{cases} 1{,}40 \text{ t ótimo. A broca de 5 t suporta} \\ 0{,}0 \text{ t não há tração} \end{cases}$$

Tudo bem, as duas condições foram atendidas.

B – Condição de não ocorrência de vento (só carga permanente mais acidental).

$$R = \frac{P}{N} \pm \frac{M \cdot e}{\Sigma e^2}$$

Não há momento fletor (não há vento).

Então

$$R = \frac{P}{N} = \frac{2{,}5 + 4{,}75}{4}$$

$$R = 1{,}8 \text{ t}$$

$$P = P_v = P_{bloco} = 2{,}5 \text{ t } + 4{,}75$$

Como a nossa estaca tem capacidade de 5 t, então passa !!!

Quadro resumo	Cargas nas brocas
Com vento (age momento fletor)	Compressão na broca 1,4 t Tração na broca 0,0 t
Sem vento (não age momento fletor)	Compressão na broca 1,8 t

CASO Nº 9 — CASA TÉRREA NO LOCAL 3

Neste caso adotaremos como no Caso 1, a solução sapata corrida.

Apenas aqui teremos que considerar o solo superficial ser muito fraco.

Para tanto vejamos:

P = 2.000 kg/m (carga distribuida)

O σ solo = 0,33 kg/cm^2 é a taxa de solo que admite o peso normal de pessoas sem afundamento.

Essa taxa de 0,33 kg/cm^2 é compatível com o SPT de 2 – 3 e na profundidade de 1 metro. O SPT é desse valor.

Logo confirma-se que podemos usar neste local sapatas corridas(*) como fundação da casa térrea.

Veja-se a evolução de construção da sapata

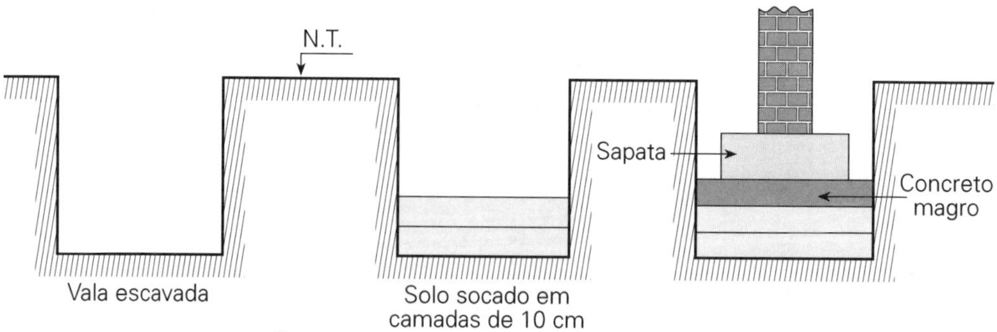

Cortes

(*) Também chamado de alicerce.

CASO Nº 10 — SOBRADO NO LOCAL 3

Neste caso, igualmente ao Caso Nº. 6 utilizaremos estacas Strauss pelos motivos a seguir:

- nesta condição é a solução mais econômica (inexistência de água e cargas baixas).
- Tecnicamente é bastante recomendável pela ausência do nível d'água e por se tratar de argila (o furo da estaca não tende a desbarrancar, seccionando a estaca).

Porém como este terreno aumenta sua resistência com a profundidade, de maneira progressiva porém bastante lenta, a partir de 6 m, para não termos estacas muito longas, limitaremos a carga de trabalho da estaca Strauss a 15 t evitando riscos de:

- desaprumos exagerados.
- má qualidade da concretagem, face do lançamento do concreto com grande altura.

Lembramos que devido ao terreno ser argiloso, possivelmente não precisaremos revestir o furo contra desbarrancamentos, o que barateia a solução.

O esquema de estaca Strauss será:

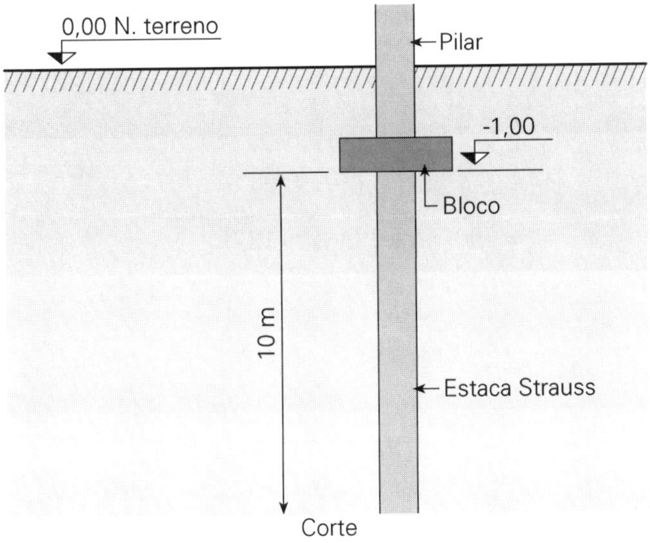

Utilizaremos estacas Strauss de 15 t e com diâmetro de 25 cm.

Estabelecemos o comprimento da estaca em dez metros alcançando a profundidade de 11 m. Verifiquemos se esse comprimento é adequado.

Faremos agora a verificação do comprimento de cravação:

1- Método de avaliação empírica: Σ SPT $\geq$ 80 (ou 70)

Somemos os SPT dos dez metros de comprimento de estaca

$$SPT = 2 + 3 + 2 + 4 + 8 + 13 + 17 + 20 + 21 = 90 > 80$$

Logo estamos bem, com os nove primeiros "SPT" das camadas do solo.

2- Método Decourt – Quaresma. Como visto no Caso Nº. 8 faremos a aplicação direta:

$$\text{Área do fuste} = \frac{\pi d^2}{4} = \frac{25^2 \cdot 3{,}1416}{4} = 490 \text{ cm}^2$$

área lateral por m de estaca = $25 \cdot 3{,}1416 \cdot 100 = 7.854 \text{ cm}^2$

Hipótese: estaca com 10 m concretado – 1 m de arrasamento – portanto a ponta deve ficar a 11 m de profundidade.

Cálculo de capacidade de carga:

$$F = \frac{F_a + F_p}{R} = \frac{F_a + F_p}{2}$$

$$F_{1a} = 5 \cdot 7.854 \cdot 0{,}2 = 7{,}8$$

$$F_{2a} = 4 \cdot 7.854 \cdot 0{,}6 = 18{,}8$$

$$F_p = 490 \text{ cm}^2 \cdot 1{,}2 \cdot 21 = 12{,}3$$

$$F_{1a} = F_{2a} + F_p = 7{,}8 + 18{,}8 + 12{,}3 = 38{,}9t$$

$$F_{trab} = \frac{F_a + F_p}{k}$$

$$F_{trab} = \frac{38{,}9}{2} = 19{,}5 \text{ t (ver caso n.° 7)}$$

A capacidade de estaca é de cerca de 19,5 t e a carga de trabalho é de 15 t (premissa adotada). Estamos bem.

A disposição será:

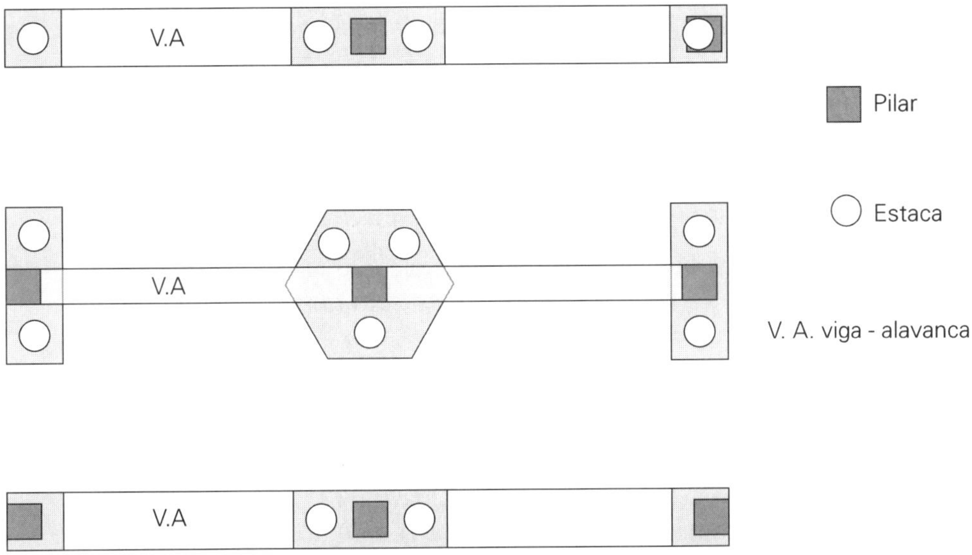

Como temos junto à divisa, pilar descendo com excentricidades em relação às estacas, usaremos vigas alavancas.

O cálculo das alavancas segue o método do Caso Nº. 7.

Voltamos aqui a enfatizar:

1- A capacidade de carga das estacas deve ser o mais próximo possível da carga do pilar, com centro de gravidade das cargas coincidente com o centro de gravidade das estacas,

2- utilizar estacas com capacidade de cargas o menos variado possível, a fim de não confundir a obra,

3- nunca utilizar dois tipos de fundação na mesma construção, a fim de procurar equalizar os recalques e fugir dos terríveis recalques diferenciais.

CASO Nº 11 — PRÉDIO NO LOCAL 3

Estamos aqui novamente com o edifício de 3 pavimentos que consideramos sem laje de subpressão, pois o nível d'água está muito baixo.

Adotaremos para esta fundação tubulões a céu aberto pelos motivos abaixo:

- executivamente é adequado por haver presença de nível d'água muito baixo e se tratar de solo coesivo (argila), sem risco de desmoronamento e sem necessidade de revestimento,

- cargas de vulto (situação que não ocorre na casa e no sobrado).
- presença de solo resistente (SPT > 20) a profundidade razoável (10m),
- eliminação da possibilidade do uso de sapatas pela baixa capacidade de carga do solo superficial,
- a possibilidade do uso de estacas é tecnicamente viável, porém economicamente desaconselhável, como veremos: (aqui ressaltamos o fato que em projeto de fundação na grande maioria dos casos, tecnicamente se admite duas ou mais soluções, sendo que a preferida será aquela que se mostra mais econômica).

Vamos pois desenvolver os elementos técnicos que subsidiam uma consulta a fornecedores de estacas e comparar o seu custo com uma solução em tubulão.

1 — Solução em Estacas

Resumidamente utilizaremos como no Caso Nº 8, estacas de 40 e 50t. Calculemos o comprimento das estacas (método Decourt – Quaresma) para estacas de 50 t, ϕ 35[*]. Admitamos que a ponta de estaca pare na cota 14 m. Ver desenho:

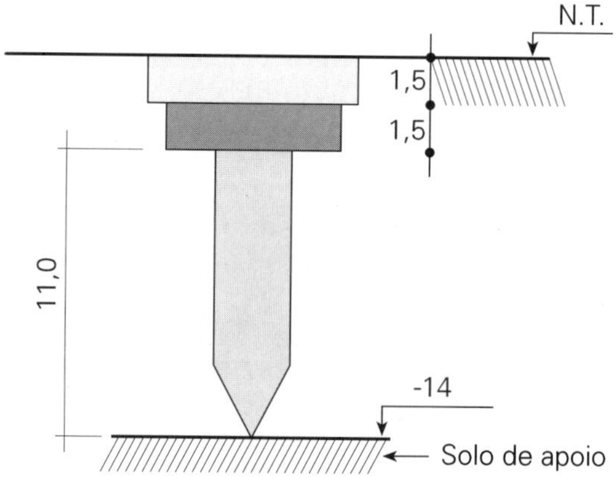

A previsão do custo de estaca será feito com base em 36 estacas de concreto armado com 50 t de capacidade e 11 m de comprimento e 33 estacas de 40 t e também com 11 m de comprimento.

Custo de solução	*Estacas*
36 ϕ 50 – 11 m	R$
32 ϕ 40 – 11 m	R$
Taxa de mobilização	R$ (consultar fornecedor)

(*) O autor MHCB já ouviu de um fabricante de estacas. Disse ele: "Nós não fabricamos estacas de concreto armado. Nós fabricamos um premoldado de concreto armado que em determinados locais (solos) aguentam uma determinada carga." Em termos realistas, o fabricante de estacas está certo.

$$A_{fuste} = 962 \text{ cm}^2$$

$$A_{lateral}/m = 1.100 \text{ cm}^2$$

$$F_{at_1} = 11.000 \cdot 4 \cdot 0,3 = 13,2 \qquad F_t = \frac{F_{at} + F_p}{2}$$

$$F_{at_2} = 11.000 \cdot 7 \cdot 0,6 = 446,2$$

$$F_p = 962 \cdot 1,2 \cdot 36 = 41,5 \text{ t}$$

$$F_t = \frac{13,2 + 446,2 + 41,5}{2} = 100,9 \text{ t}$$

$$F_t = \frac{100,9}{2} \cong 50,0 \text{ t}$$

NOTA

O comprimento de 11 m é teórico. A cravação de algumas estacas de prova orientará a compra dos comprimentos de estacas mais adequados. Estacas compradas mais compridas, que as necessárias, tem o seu trecho em excesso arrasado à marreta, mas tem que ter pago pelo comprimento original, além do custo do próprio arrasamento.

2 — Solução em tubulões a céu aberto

Em qualquer caso de cargas será usado um tubulão com fuste de 70 cm de diâmetro. Veja:

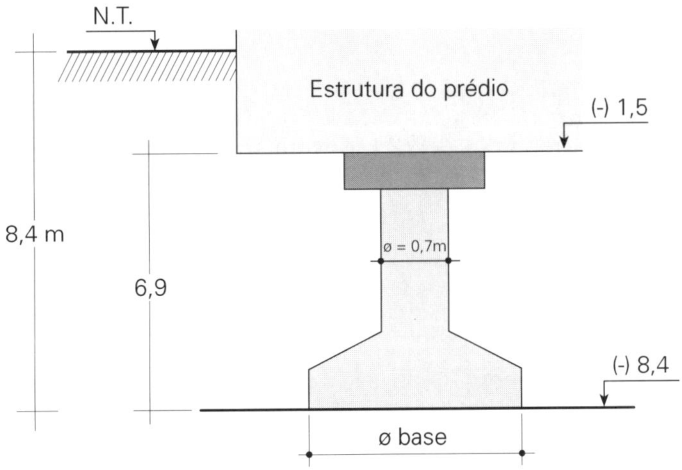

Corte

A capacidade do tubulão não poderá exceder a capacidade do fuste que vale:

$$\phi \text{ 70 cm área de } 3.850 \text{ cm}^2$$

$$F = S \cdot \sigma \text{ concreto}^{(*)} = 350 \cdot 50 = 192 \text{ t (ficha N}^o. 9)$$

Vamos apoiar os nossos tubulões na cota de apoio (–) 8,40 m onde o SPT é de 24. A tensão admissível será:

$$\sigma_{ad} = \frac{SP}{5} = \frac{24}{5} = 4{,}8 \text{ kg/cm}^2 = 48 \text{ t/m}^2$$

Como se trata de fundações confinadas (a grande profundidade) as boas práticas permitem acrescer o peso efetivo das camadas do solo subseqüente, desde que garantida sua permanência. Logo:

$$\Upsilon_{solo} = 1{,}7$$

$$\sigma_{ad} = 6{,}9 \cdot 1{,}7 = 11{,}73 \text{ t/m}^2 = 1{,}1 \text{ kg/cm}^2$$

$$\sigma_{ad\ total} = 4{,}8 + 1{,}1 = 5{,}9 \text{ kg/cm}^2 = 60 \text{ t/m}^2$$

Tendo-se a carga de trabalho dos tubulões junto ao solo e conhecidas as cargas dos pilares, dimensiona-se o diâmetro ϕ da base pela fórmula. Exemplo para o pilar de 72 t:

$$\sigma = \frac{F}{60}$$

Exemplo: pilar de 72 t

$$S = \frac{72}{60} = 1{,}2 \text{ m}^2$$

$$\phi = 1{,}25 \text{ m}$$

Os cálculos feitos para o pilar de 72 t, devem ser repetidos para todos os demais pilares.

O custo do tubulão envolve:

- escavação,
- concretagem,
- armadura de aço (na cabeça).

(*) Adotamos fck = 50 kg f/cm^2 para a resistência do tubulão mas compraremos, seguindo a NBR 6118 o concreto com fck = 150 kg f/cm^2, 15 MPa ou maior.

NOTAS

1 – Para tubulão não há taxa de mobilização como o bate estaca. Compara-se então o custo de solução estaca com a solução tubulão.
2 – Para os preços hoje correntes na cidade de São Paulo, a solução tubulão é mais econômica para o caso em pauta.(*)
3 – Na solução estaca há que se acrescer o custo do bloco.

Não poderíamos terminar a análise deste caso, sem falarmos do problema de excentricidade dos pilares em relação aos tubulões, nos pilares de divisa. Isso acontece exigindo a utilização de vigas de equilíbrio.

No caso de tubulões, para diminuir a excentricidade utilizaremos na base, ao invés de seção circular, a seção "falsa elipse". Veja:

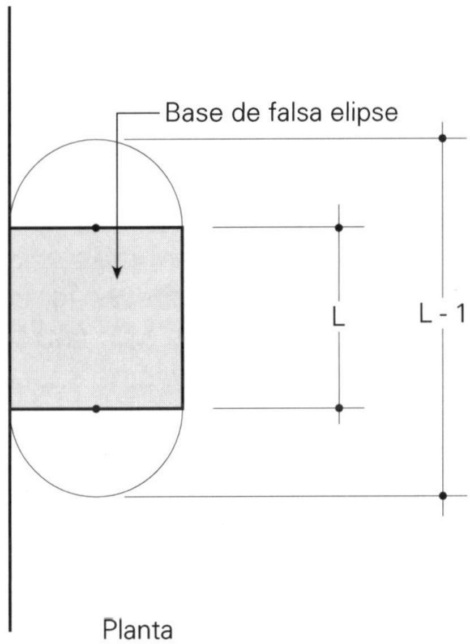

Planta

(*) Isto varia de época à época.

CASO Nº 12 — GALPÃO INDUSTRIAL NO LOCAL 3

Neste caso estamos diante de uma situação em que a decisão será eleita pelo critério mais econômico, entre as duas soluções técnicas, igualmente adequadas.

1 – sapata como no caso Nº. 4;

2 – sapata como no caso Nº. 8.

Os dimensionamentos seriam os mesmos, uma vez que, o que comandou o cálculo no caso Nº 4 não foram as tensões resultantes no solo e sim o cálculo de esforços solicitantes, a fim de não provocar o tombamento do galpão. Como pode-se ver nesse caso as tensões de compressão no solo resultaram menores que 0,33 kg/cm^2 (3,3 t/mm^2) que é compatível com solos extremamente fracos (SPT de 2 a 3).

Conclusão. Podemos escolher neste caso 12, entre sapatas e brocas. Optaremos por sapatas, por mera simpatia.(*) O caro leitor não creia entretanto em simpatias. Orce as duas soluções e opte economicamente.

NOTA

Relembremos aqui os critérios de escolha de fundações nos casos 4 e 8, homólogos a este caso 12,
No caso nº. 4 foi adotada a solução em sapatas pois o terreno é tão bom (resistente) que dificulta a sua abertura (escavação) com brocas.
No caso nº. 8 foi adotada a solução brocas pelo fato especifico de existir no solo, argila porosa que não recomenda o uso de sapata.

CASO Nº 13 — CASA TÉRREA NO LOCAL 4

Neste caso adotaremos fundação direta corrida.

Aqui recaímos em solução idêntica ao do Caso Nº. 1.

Aí poderíamos considerar:

- sapatas corridas com dimensão mínima,
- sapatas individuais associadas às vigas baldrames.

Com sapatas individuais, trabalharemos com taxas de solo mais elevadas não aconselhável pela presença de terreno mole a 3,00 m de profundidade como abordamos com mais detalhe no caso Nº. 14.

(*) Não se surpreenda caro leitor. Se a engenharia elétrica é a mais matemática das engenharias, com talvez zero de teor humano, a engenharia de solos é a menos matemática das engenharias, com espaço até para simpatias pessoais.

Destacamos aqui que em caso de solos imprestáveis superficiais, em terreno com nível d'água elevado, teremos forçadamente duas soluções:

- Quando o nível de água estiver permanentemente acima dos baldrames, podemos adotar estacas de madeira sem tratamento, pois as mesmas continuamente submersas sua resistência é praticamente eterna (caso da cidade de Veneza na Itália).
- Quando o nível d'água está sempre abaixo dos baldrames, podemos ter três situações:

  1 – estacas pré-moldadas de 15 t (carga mínima),

  2 – substituição do solo imprestável por solo consistente, com a fundação assente sobre o mesmo, em sapatas rasas,

  3 – execução de radier, ou seja, piso de concreto armado sobre toda a edificação, deixando a construção "flutuante".

CASO Nº 14 — SOBRADO NO LOCAL 4

Nesta situação adotaremos sapatas rasas. Como temos uma camada mole, a pouca profundidade, verificaremos a propagação das tensões por métodos vistos na parte teórica (ficha Nº. 5).

Vamos analisar a tensão no topo da camada compressível (ver desenho).

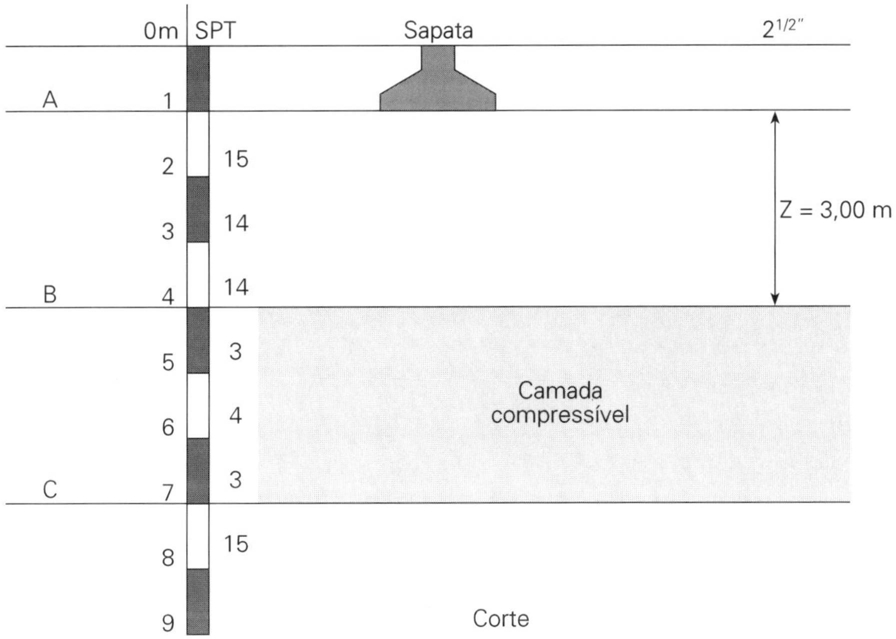

$$\sigma_{ad} = \frac{SPT}{5} = \frac{15}{5} = 3 \text{ kg/cm}^2 \text{ (no ponto A)}$$

Pilar + carregado = 39,5 t (caso do pilar mais carregado)

$$\sigma_{ad} = \frac{F}{S} \qquad S = \frac{39.500}{3} = 13.166 \text{ m}^2$$

(115 cm · 115 cm – seção da sapata quadrada)

$\phi = 30^{\circ}$ (adotado ângulo de espraiamento do cone de tensões).

Calculemos a tensão no topo da camada compressível (ponto B)

$$\sigma_0 = \frac{P}{(b+2\cdot tg\phi\cdot z)\cdot(a+2\cdot tg\phi\cdot z)} = \frac{39,5}{(115+2\cdot tg30°\cdot 300)\cdot(115+2\cdot tg30°\cdot 300)}$$

$$\sigma_0 = 0,18 \text{ kg/cm}^2 = 1,8 \text{ t/m}^2$$

Esta tensão de 1,8 t/m^2 ocorre no ponto B onde o SPT vale de 3 a 4.

Calculemos a tensão aceitável no ponto B.

$$\sigma_{ad}(B) = \frac{SPT}{5} = \frac{3}{5} = 0,6 \text{ kg/cm}^2 > 0,18 \text{ kg/cm}^2$$

Logo como indicado na ficha Nº. 5, a tensão para não ter recalques excessivos não deve ser superior à metade da tensão admissível. Veja:

$$\sigma = 0,18 \text{ kg/cm}^2 < \frac{1}{2}\sigma_{ad}(B) = \frac{1}{2}\cdot 0,6 = 0,3 \text{ kg/cm}^2$$

Por cuidado alerte-se que a fórmula $\sigma_{ad} = \frac{SPT}{5}$ deveria ser limitada a valores de SPT entre 5 a 20, no nosso caso estamos com SPT = 3. Dessa maneira a análise tem aspecto preliminar, mas compatível para o caso "sobrado".

CASO Nº 15 — PRÉDIO NO LOCAL 4

Adotaremos no carregamento do edifício, a laje de subpressão em função do nível d'água estar acima da laje de fundo da garagem.

OBSERVAÇÃO

1 - Não é permitido considerar o alivio na fundação por efeito da subpressão item 5.2.3. da Norma NB 6122, (o NA em zonas urbanas sofre modificações ao longo dos anos).
2 - Pode ser utilizada laje não solidária à estrutura, com poços de recalque de água (esta solução diminui o custo inicial do prédio, porém o encarece muito na sua manutenção)(*).
3 - Podemos escavar toda obra até a cota 1,5 m (laje de fundo) e ai iniciar a fundação por se tratar de terreno argiloso (superficial). Durante a execução da obra manteremos quatro poços de recalque com bombas (tipo submersível) e isso será o suficiente para mantermos a obra seca.

Verificação de solução em sapatas.

Como no exercício anterior temos:

$$\sigma_{ad} = \frac{SPT}{5} = \frac{14}{5} \cong 3 \text{ kg/cm}^2 = 30 \text{ t/m}^2$$

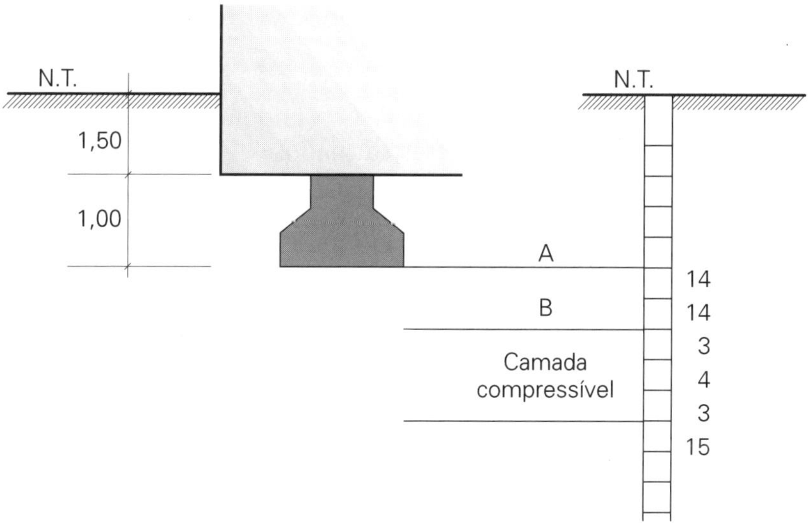

(*) No bairro onde mora o autor MHCB, existe em épocas de seca, originária de vários prédios uma água cristalina correndo pela sarjeta, sendo coletada em bocas de lobo. São águas do lençol freático que chegam as lajes de garagens e são esgotadas por bombas.

Carga do pilar mais carregado – 200 t

$$\sigma = \frac{200.000}{3,0} = 66.666 \text{ cm}^2 \text{ — sapata quadrada de 260 cm de lado.}$$

Como temos uma camada compressível, começando em B e indo até C, temos que calcular a tensão em C. A fórmula é (Ficha no. 5):

$$\sigma_B = \frac{P}{(a+2\cdot \text{tg}\phi\cdot z)\cdot(b+2\cdot \text{tg}\phi\cdot z)} = \frac{200.000}{(260+2\cdot \text{tg}0°\cdot 150)\cdot(260+2\cdot \text{tg}30°\cdot 150)}$$

$$\sigma_B = 1{,}07 \text{ kg/cm}^2$$

Esse cálculo foi feito para uma verificação isolada de ação de um pilar. Só que nessa região atuam vários pilares e portanto várias cargas. Calculemos a tensão em B considerando-se a somatória das cargas e considerando-se a dimensão em planta do prédio (30 · 20 m).

$$\sigma_B = \frac{4\cdot 200.000 + 4\cdot 47.000 + 14\cdot 95.000 + 8\cdot 190.000}{(3.000+2\cdot \text{tg}30°\cdot 150)\cdot(2.000+2\cdot \text{tg}30°\cdot 150)} = 0{,}34 \text{ kg / cm}^2$$

A tensão no topo de camada compressível, para não haver recalques excessivos, não deve exceder:

$$\frac{1}{2}\cdot\frac{SPT}{5} = \frac{1}{2}\cdot\frac{3}{5} = 0{,}3 \text{ kg/cm}^2$$

As tensões que resultaram (1,07 kg/cm^2 e 0,56 kg/cm^2) são maiores que 0,3 kg/cm^2 admitidas no topo da camada compressível.

Conclusão: devido à camada compressível, não podemos usar sapatas. Usaremos portanto estacas pré-moldadas de concreto armado.

Hipóteses para as estacas:

Pilar 200 t ⟶ 4 estacas 50 t

Pilar 190 t ⟶ 4 estacas 50 t

Pilar 95 t ⟶ 2 estacas de 50 t

Pilar 47 t ⟶ 1 estaca de 50 t

Estaca 50 t – escolhido ϕ 35 cm.

Previsão de comprimento:

1- Pela somatória dos SPT > (70 A 80)

Desprezamos a camada superficial mais resistente (SPT 15, 14) pois abaixo dela ocorrem nas camadas muito moles (SPT 3, 4, 4) ficando a ponta da estaca solta, deslocando-se do trecho superior mais duro. Por cautela, desprezamos a contribuição dos três primeiros metros. A estaca deve ir até a cota 12 m dentro da areia compacta, permitindo a seguinte somatória de SPT = 3 + 4 + 3 + 15 + 14 + 17 + 16 + 20 = 92. 0 comprimento das estacas, dentro desse critério, será de 12 m.

2- Fórmula Decourt – Quaresma

Por essa fórmula verificaremos que se uma estaca ϕ 35 cm com 12 m de comprimento e nesse solo tem a capacidade de 50 t. (Ver caso no. 7).

$$F = \frac{F_{at} + F_p}{k} = \frac{F_{at} + F_p}{2}$$

$$F_{at} = A_1 \cdot Co = 11.000 \text{ cm}^2 \cdot 0{,}6 \cdot 5 = 33 \text{ t}$$

NOTA

Neste caso desprezamos os primeiros cinco metros de estaca – parte superior, face ao trecho compressível que pode causar deslocamento na estaca.

$$F_p = A_p \cdot C_1 \cdot SPT = 962 \text{ cm}^2 \cdot 4 \cdot 20 = 76 \text{ t}$$

$$F = \frac{33 + 76}{2} = 54{,}5 \text{ t}$$

Conclusão: Pelos dois processos a estaca dá 50 t de capacidade.

Tudo OK!

CASO Nº 16 — GALPÃO INDUSTRIAL NO LOCAL 4

Nesta situação recaímos no caso Nº 4, ou seja, fundação direta, pois:

- a influência das tensões no solo mole não é considerável, como visto no caso Nº 14,
- O solo superficial é semelhante ao local Nº. 1 (trecho superficial).

Podemos adotar a solução já vista no caso Nº. 4 (local 1), ou seja, usaremos sapatas.

CASO Nº 17 — CASA TÉRREA NO LOCAL 5

Neste exemplo teremos que construir uma casa térrea e não dispomos de sondagens. Acreditamos que este caso abranja 99,99% das construções de casas térreas no pais, desde as casas de "pau a pique", casinhas feitas em regime de mutirão nas periferias das cidades etc. Já que a premissa deste caso é não haver sondagem, então deveremos:

1- Visitar as obras das imediações e investigar qual o tipo de fundação que corresponde à tradição local. Visitar obras em andamento e obras já prontas, principalmente quanto à ocorrência de trincas e fissuras. Use sondagens a trado.(*)

2- Reconhecer cuidadosamente o local da nossa obra. Se for alto e constituído de solo natural (e não sobre terreno solto) em principio, tudo bem. Se o local for situado em depressão de terreno, próxima a córregos e rios, cuidado! Procure certificar-se de que o terreno não é constituído de turfa. Se o for, esqueça a possibilidade de fazer fundação direta por sapatas.

3- Há dois tipos clássicos de fundação para este tipo de obra: ou sapata (conhecido como alicerce) ou brocas. Em qualquer caso haverá material a remover. Acompanhe com cuidado o material que vai sendo escavado. Se for terreno arenoso, ótimo. Seus recalques serão praticamente imediatos e, finda a obra, as trincas serão retocadas e o assunto estará encerrado. Se, todavia, o terreno escavado for pegajoso, desses que sujam tudo, desses que se agarram ao trado e a pá, barrento, pegajoso, então temos grande probabilidade de estar diante de um terreno argiloso, e serão inevitáveis que os recalques e as trincas ocorram ao longo do tempo. É uma situação indesejável.

4- Se usarmos sapata corrida não devemos escavar além do necessário, para que não se necessite reaterrar. É preferível apoiar-se sobre terreno natural de fundo do vale e que, por séculos, recebeu a ação da carga do terreno sobrejacente do que apoiar-se sobre terreno mal ou precariamente compactado. Se todavia, por erro de escavação, ultrapassamos a cota de fundo da escavação ou tivermos que escavar solo ruim, então o reaterro deve ser feito em camadas de, no máximo, 15 cm de espessura e fortemente compactadas. Socar terra com espessura maior do que 15/20 cm com equipamento manual é ilusório. Não compacta quase nada.

(*) Sondagens a trado NBR 9603.

A terra a ser usada no reaterro deve ser isenta de restos vegetais e pedras pois não favorecem a obtenção de um solo compacto. Veja:

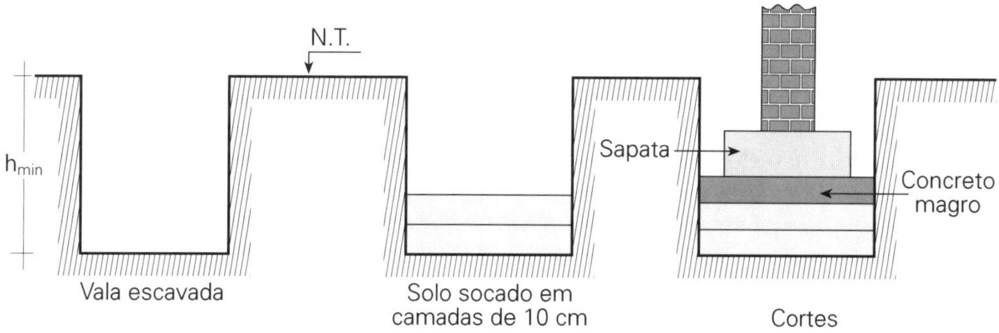

5- Não custa nada abrir um poço (ϕ 0,80 m) e identificar as características do material removido. Para a natureza da obra (casa térrea) esse poço – salvo em condições muito anormais – costuma permitir a identificação das características do solo com cerca de 3 a 4 m de profundidade e poderá, ao fim da obra ser usado como poço para água ou para disposição dos efluentes da fossa séptica. Eventuais dificuldades para escavar, por encontrar terreno muito resistente, são ótimos indícios para não termos problemas de fundação direta (sapata, alicerce). Desbarrancamentos na escavação do poço já são péssimos sintomas.

Uma alternativa à escavação do poço é mandar fazer furos a trado com 10 cm de diâmetro e 6 m de profundidade que é o comprimento, médio habitual de brocas. Analisar o material retirado pelo trado.

6- No caso de casas térreas, suas cargas passadas às fundações são extremamente baixas, principalmente se não existirem pilares e se a alvenaria tiver função estrutural. Terrenos com SPT de até 2 resistem sem maiores problemas. Solos perigosos são os turfos que cedem à cargas baixíssimas. Terrenos de composição vegetal – muitas vezes de cor preta – cedem até pela abertura de pequenas valas. Nestes casos temos que usar brocas, que são, para todos os efeitos, mini-estacas.

7- Como escolher entre brocas e sapatas?

Quando o terreno não é exageradamente ruim e o lençol freático é baixo, a solução para fundações de casas térreas é a sapata (alicerce). Edificações com paredes estruturadas com pilares, usarão sapatas isoladas.

Quando o terreno superficial é péssimo e o solo bom ocorre entre três a sete metros, então a melhor solução é a broca.

Quando o terreno superficial é ruim e o terreno razoável está a mais de sete metros de profundidade (que é o comprimento máximo razoável para brocas) temos que optar entre:

- reconsiderar a decisão de construir a casa neste local. Os autores conhecem casos de edificações térreas que cederam e caíram por terem sido construídas sobre terrenos turfosos, aterros de lixo e que não suportaram as baixíssimas cargas de uma edificação térrea.
- usar sapatas de madeira ou de concreto armado. Para obras provisórias – ou onde se tem a certeza de que não haverá alteração de nível d'água – as estacas de madeira são uma solução.

8- No caso do uso de brocas em construções com paredes estruturais temos um conflito. As paredes precisam descarregar as suas cargas ao longo de todo o seu desenvolvimento, enquanto que as brocas são elementos de resistência pontual.

A solução então é usar uma viga que liga as cabeças das estacas. Essa viga chama-se viga-baldrame.

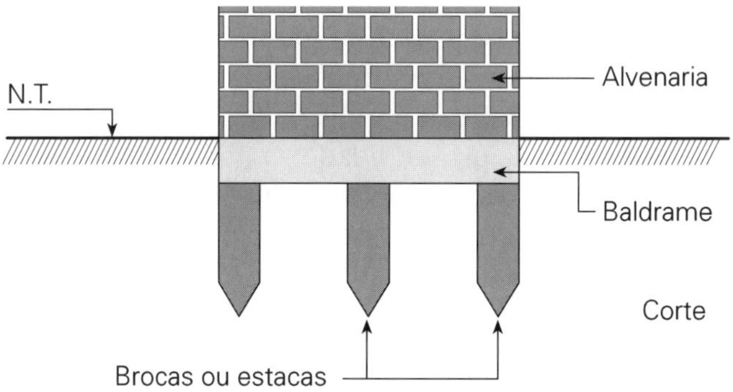

9- Sérios cuidados devem ser tomados, nos casos muito comuns, de obras executadas sobre aterros. Veja um exemplo de construção sobre um aterro não compactado. Cabem as seguintes perguntas:

- O terreno é resistente?
- Essa configuração é de equilíbrio?
- Está sendo dado um destino adequado às águas pluviais?

Em principio esse tipo de obra não é recomendável.

OBSERVAÇÃO

Raros são os aterros bem compactados e que merecem confiança. Para bem compactar um aterro deve-se fazer isso em camadas de pequenas espessuras e controlar a umidade dessas camadas, técnicas essas que exigem cuidados e tecnologia não encontrada em todos os lugares.

CASO Nº 18 — SOBRADO NO LOCAL 5

Sobrado (ou sobradinho) são expressões que não definem com clareza os tipos de obras por essa denominação. Existem sobradinhos feitos em favelas e existem sobrados com 200 m^2, 300 m^2 de área construída para a classe média alta. Pensar que sobradinhos feitos de alvenaria em favelas utilizam-se de sondagens geotécnicas de percussão, feitas de acordo com a NBR 6484 é ilusão.

Construir-se uma mansão com ar condicionado, sauna e circuito interno de TV sem sondagem, denota inexperiência e caracteriza mal desempenho profissional do responsável pela obra. Se os sobradinhos da periferia sobrevivem às fissuras e trincas – que são, às vezes corrigidas com argamassas de rejuntamento – o mesmo não é aceitável para sobrados sofisticados. Se vamos construir um sobradinho em região cuja tendência geológica conhecemos e onde haja outras obras que nos permitam saber o que foi feito nas imediações e suas conseqüências, é um risco calculado e talvez seja aceitável não fazer a sondagem.

Fazer-se um sobrado em região da qual nada se conhece e que não possui obras nas imediações, para tirar-se partido das experiências anteriores é um risco que não recomendamos em absoluto e que poderá levar a erros terríveis.

Assim, para este caso Nº. 18 não há resposta única.

Só para ilustrar, contamos caso verídico.

Em um bairro da zona sul da cidade havia uma área baixa, de solo turfoso, de péssima qualidade.

Uma indústria consultou um especialista de solos que recomendou:

- Aceite o terreno grátis.
- Aceite o movimento de terra de escavação (corte) não deixando cortar mais que necessário.
- Não aceite o aterro. O aterro, nós fazemos com cuidado. Aterros mal feitos são terríveis.

Um outro terreno foi desmembrado em três lotes, cada um com 10 m de frente por 30 m de fundo. No lote intermediário seu proprietário decidiu fazer um sobrado de bom nível com cerca de 180m^2 de área de construção. Feita apenas uma planta de Prefeitura, sem nenhum outro projeto complementar, o proprietário contratou um construtor "experiente" (?) formado no exterior, cujo diploma de engenheiro (?) se havia extraviado quando de sua mudança para o Brasil (?). Como o construtor tinha "muita experiência" (?) decidiu não fazer sondagens e optou, após simples inspeção do terreno, por usar brocas de ϕ 25 cm de 7 metros de profundidade, espaçadas a cada 2 metros. Foi uma solução de custo elevado. Felizmente, o construtor era "experiente" e dizia constantemente ao dono da obra que tudo ia indo "as mil maravilhas". Quando as fundações estavam prontas e a alvenaria já subia, começou a construção no lote da direita. Era também um sobrado, igualmente com 200m^2 de área construída, e – como o seu proprietário também conhecia empreiteiro de "larga experiência" – as sondagens, é claro, foram "economizadas"...

O estranho foi à solução que a construtora da direita deu as fundações. Usou brocas de ϕ 15 cm espaçadas a cada 2 m mas com profundidade de apenas 3,5 m.

Resultou uma fundação muito mais barata do que a usada no sobrado ao lado. O dono do sobrado do lote do meio ficou "uma fera" com o seu construtor "experiente" pois este executara uma fundação muito mais cara do que o necessário, conforme a obra da direita o mostrava para qualquer pessoa, mesmo leiga no assunto. As relações do dono do sobrado do meio com o seu construtor iam de mal a pior, face a esse fato, quando o proprietário do lote da esquerda começou a construir. Aquela altura, a construção do lote do meio já estava chegando à cobertura e no sobrado da direita levantavam-se as paredes, quando se iniciou a construção no último lote. Só que o dono do lote da esquerda deve ter contratado um engenheiro "medroso e sem experiência" e que, por causa disso não dispensou sondagens no terreno.

Tão logo estas terminaram, começaram as obras de fundação. Usaram estacas Strauss de 25 cm que encontraram solo firme a 12 m de profundidade. Os proprietários dos lotes do meio e da direita foram falar com o engenheiro da obra para alertá-lo do "desperdício "quando foram informados das características dos solos de toda a região. Pelos dados das sondagens, o solo até 9 m de profundidade era péssimo e só melhorava abaixo dos 9 m. Fazer sobrados com brocas ou estacas Strauss, com menos de 12 m de profundidade, era assentar a obra sobre camadas sem nenhuma capacidade de suporte e portanto, candidatar-se, no mínimo, a grandes trincas...

Conclusão da história e deste caso 18: (Consultar normas recentes e antigas) "A natureza e a quantidade das investigações a realizar dependem das peculiaridades das obras, dos valores e tipos dos carregamentos atuantes, bem como das características geológicas básicas da área em estudo. *Em qualquer caso, entretanto, não devem ser dispensadas as sondagens de simples reconhecimento,* (o grifo é nosso)".

CASOS 19 E 20 — PRÉDIOS DE APARTAMENTOS E GALPÃO INDUSTRIAL NO LOCAL 5 (sem sondagem)

Se é fato que se constroem casas térreas e sobrados em locais sem sondagem e é essa uma situação com que, em determinadas circunstâncias, se tem que conviver, não há sentido em aceitar que se construam prédios de apartamentos e galpões industriais sem sondagens. A intensidade das cargas dessas obras e o seu vulto econômico são de tal magnitude que aceitar trabalhar em fundações sem sondagens é erro crasso é inadmissível. Além disto é facilmente comprovável que o custo das sondagens varia entre 0,2 a 0,01 % do custo total de uma obra de porte e – o que é mais importante – esse custo é largamente compensado pela economia representada por uma solução correta. Se, além disto, ainda ocorrerem trincas, infiltrações, etc., o prejuízo será, então, muito maior, senão irrecuperável. Portanto o profissional deve se recusar a participar de obra sem que tenham sido feitas as sondagens, conforme a quantidade e cuidados exigidos pelas normas técnicas normalmente aceitas no nosso meio, e que são as normas da ABNT – Associação Brasileira de Normas Técnicas.

Apesar destes alertas quanto à responsabilidade profissional, por incrível que pareça ainda se fazem obras do porte das que estamos falando, sem que se tomem esses cuidados mínimos!

Um dos autores deste trabalho (MHCB) visitou um prédio de concreto armado com mais de quatro pavimentos que tombou em uma cidade distante cerca de trezentos quilômetros da cidade de São Paulo. A história foi mais ou menos a seguinte:

Um negociante da cidade e que construía casinhas e sobrados, decidiu construir "sob sua coordenação" um prédio de apartamentos. Não era para ganhar dinheiro, era para promover o progresso da cidade (!) explicou o "dito cujo" após a hecatombe que contaremos. Um arquiteto foi contratado para realizar o projeto de arquitetura e de detalhamento. Um calculista estrutural executou o cálculo do concreto armado e registrou na memória do cálculo, e em alguns desenhos, que aquele *projeto estrutural só poderia ser executado na obra depois de equacionado o problema das fundações* pois não eram, até então, disponíveis as sondagens do terreno. O dono da obra contratou porém a execução da estrutura e da alvenaria e mandou que nas fundações se fizessem sapatas que ele mesmo dimensionou pela "experiência" que tinha adquirido na visita à obras na região.

Com todas essas "barbaridades" o prédio foi construído e quando estava já em fase final – quando já ocorrem quase 50% das cargas totais – começou literalmente a tombar para um dos lados. Daí a quinze dias dos primeiros sinais do problema o prédio tombou por inteiro, derrubando uma casa térrea vizinha. Felizmente não houve vítimas pois o tombo fora anunciado pela progressiva inclinação da estrutura que já se transformara em atração turística e até apostas se faziam para determinar o dia da queda triunfal.

Foi aberto um inquérito policial e o juiz de Direito da Comarca nomeou um perito para dar um parecer. O perito, jovem engenheiro, mas nem por isso imaturo, pediu de inicio duas coisas:

- o projeto estrutural completo (desenhos e memória de cálculo),
- sondagens do local da obra, ou melhor dizendo, do local do sinistro.

O "diabo" é que não havia sondagens e para fazê-las era necessários pagá-las.

O juiz mandou um oficio ao dono da obra intimando-o apresentar sondagens.

O dono da obra comentou na cidade (e nas pequenas cidades a gente fica sabendo de tudo):

- o engenheiro perito quer sondagens. Afinal de contas, fazendo sondagens até eu faço prédio que não cai..."

A conclusão desta história (verdadeira, acreditem) é:

- A solução para a escolha das fundações para o prédio de apartamentos e para o galpão industrial (para o exemplo o local 5) é fazer uma boa engenharia e para isso começa-se fazendo sondagens à percussão...

NOTA DE RESPONSABILIDADE SOCIAL

As obras de fundações de edifícios por envolverem escavação em solos em até grandes profundidades geram sempre situações potenciais de risco. Face a isso seguir estritamente nas obras as regras de segurança e as recomendações da NR-18 (norma regulamentadora) do Ministério do Trabalho.

Parte I

5 — BALANÇO GERAL

Depois de resolvidos os vinte casos de fundações, é importantíssimo fazer um balanço geral de tudo o visto para se ter uma critica, uma análise, uma ponderação de tudo.

Para facilitar essa análise recomenda-se o acompanhamento do escrito nestas linhas com o quadro geral "local versus edifícios".

Algumas conclusões podem ser feitas: (pg 84).

1 - Análise pelas linhas

Quando o solo é resistente e o nível da água é bem baixo, a solução sapata é imbatível (caso do local 1).

Quando o solo não é resistente e o nível de água não atrapalha, variam os tipos de fundação, governados pelos tipos de esforços e pela sua magnitude. Foram usadas brocas, estacas Strauss, estacas pré-moldadas de concreto e tubulões.

2 - Raízes da equação

A solução dessa matriz de dificuldades gerou raízes de equação (as soluções das equações dos conflitos) que não apresenta uma lei de formação. A conclusão a rigor é que, pelo menos dentro dos limites deste trabalho, não existem leis rígidas de zoneamento de solução, e que, mais uma vez, cada caso é um caso.

Observamos que, através de uma análise crítica das sondagens apresentadas, e uma visão mais abrangente da engenharia de fundações, pode-se afirmar:

- Nem sempre solos com características geotécnicas ruins exigem soluções caras para as fundações.
- A posição do nível d'água é determinante na escolha do tipo de fundação a ser adotada.
- O reconhecimento do tipo de solo (areia ou argila e rocha) igualmente ao nível de água é outro determinante desta escolha.

Agora, como uma pausa, desejamos boas obras para você, caro leitor.

Fim da parte I deste livro.

Quatro edifícios, Cinco locais de implantação, Vinte soluções de fundações

Descrição dos locais de implantação			Edifícios a receber fundações: Casa térrea isolada	Sobrado geminado	Prédio de apartamentos	Galpão industrial com vento	Simbologia das fundações

Local 1	Solo resistente	Nível de água baixo	1 A	2 A	3 A	4 A	A Sapata 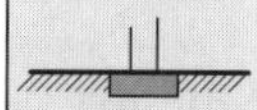
Local 2	Solo não resistente	Nível de água baixo	5 B	6 C	7 D	8 B	B Broca 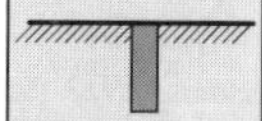
Local 3	Solo não resistente	Nível de água baixo	9 A	10 C	11 E	12 A	C Estaca Straus 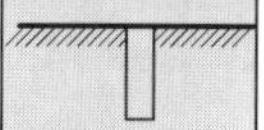
Local 4	Solo variável na resistência	Nível de água alto	13 A	14 A	15 D	16 A	D Estaca de concreto 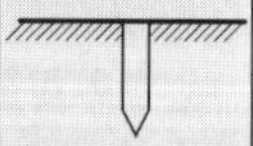
Local 5	não há informações	Não há informações	17 A	18 depende, depende	19 —	20 —	E Tubulão 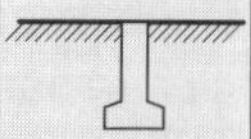

NOTA

1- No canto superior está indicado o número do caso a estudar

PARTE II
FICHAS TÉCNICAS

OBJETIVOS DAS FICHAS TÉCNICAS

Nessas fichas técnicas é feita uma apresentação resumida e direta dos principais assuntos de Mecânica dos Solos e Engenharia de Fundações.

Cada um dos assuntos é tratado individualmente, podendo, o caro leitor, consultar, diretamente ou isoladamente, o assunto do seu interesse específico.

Parte II

FICHA 1 — NASCEM OS SOLOS. SOLOS ARGILOSOS, SOLOS ARENOSOS, SOLOS SILTOSOS, SOLOS RESIDUAIS E SOLOS SEDIMENTARES

Para efeito de engenharia de fundações, o material da crosta terrestre é dividido em:

- rochas – só escaváveis a explosivo,
- solos – escaváveis à pá ou picareta,
- alteração de rocha – camada intermediária entre os dois e que requer martelete pneumático para a escavação(desmonte).

Só dos solos nos ocuparemos, e estes são constituídos de:

- seixos e pedregulhos
- areias
- siltes
- argilas

Claro está que esta divisão é formal e simplificada.

Na prática ocorrem argila siltosa, argila arenosa, silte argiloso, etc., ou seja, uma mistura dos solos.

A diferenciação entre eles se faz pela granulometria de suas partículas. Veja uma dessas classificações (ABNT)(*).

(*) Pela chamada "classificação internacional" algumas areias finas seriam catalogadas, pela ABNT, como siltes, e certos siltes seriam argilas, mostrando a relatividade dessas classificações.

ESCALA ABNT – tamanho das partículas					
Argila	Silte	Areia fina	Areia média	Areia grossa	Seixos
0,005 mm	0,05 mm	0,4 mm	2 mm	4,8 mm	

As areias, pedras até matacões podem ser divididos pela granulometria em:

Pedra zero (pedrisco)	5 a 9,5 mm
Pedra um	9,5 a 22 mm
Pedra dois	22 a 32 mm
Pedra três	32 a 50 mm
Pedra quatro	50 a 75 mm
Pedra de mão	75 a 250 mm
Matacão	> 250 mm e < 1 m

Para o estudo dos materiais de crosta terrestre uma outra classificação dos solos é importantíssima. Há locais onde a desagregação natural das rochas (e que dará lugar aos solos) se dá sem transporte de material. São os solos residuais. Os morros são constituídos principalmente por solos residuais.

Há outras regiões onde o solo chegou a determinados locais por transporte (fluvial, como nas baixadas ou por ação de ventos nos morros) são os solos sedimentares. É muito comum aparecerem solos sedimentares em várzeas de rios.

Veja as diferenças que resultam para cada um dos casos.

Solos orgânicos	Solos residuais	Solos sedimentares
(decomposição de restos vegetais e animais) Características Gera solos normalmente de baixa resistência e, às vezes, atingindo grandes profundidades.	(decomposição local das rochas) Características Com a profundidade, a resistência cresce. Há uma uniformidade de tipo de solo ao longo da profundidade, coerente com o tipo de rocha que lhe deu origem. Presença de matacões, núcleo duro da rocha matriz.	(decomposição por transporte de sedimentos) Características É o oposto de solo residual. Não há regra de estruturação. É "anárquico".

Claro está que o solo residual tem comportamentos mais previsíveis, tem berço, é "solo de família". O solo sedimentar é imprevisível.

Claro está que há uma diferenciação entre estes tipos de solos através do enfoque físico-químico e das características coloidais que tornam extremamente complexa a interação entre os constituintes sólidos e líquidos dos solos; porém, sob o ponto de vista prático, essas complexidades podem ser não estudadas num primeiro estudo, como por exemplo o nosso.

Os solos orgânicos são os que apresentam as piores condições para fundação, obrigando à adoção de soluções mais complexas sob o ponto de vista teórico.

Lembramos aqui que *nem sempre soluções teóricas mais complexas implicam fundações mais onerosas.* Exemplo típico disto são os prédios da Baixada Santista apoiados sobre areia e argila orgânica (altamente compressíveis) com fundações normalmente executadas sobre "radiers", em prédios até 6 pavimentos.

Parte II

FICHA 2 — SOLOS ARGILOSOS (BARRENTOS) — FUNDAÇÕES EM SOLOS ARGILOSOS

Se você estiver em terreno dito "barroso" , se puder pegar e moldar peças com ele, se depois da chuva o terreno ficar duro nos sulcos, se o terreno tiver coloração fortemente avermelhada, você tem grande probabilidade de estar diante de um terreno argiloso. Pegue agora o terreno nas mãos, o "Mestre" Terzaghi(*) dizia que não dá para falar sobre solos sem os tocar, e veja as partículas que o constituem ao amassá-lo úmido na mão, o mesmo vai deixá-la suja necessitando de água para limpá-lo, ao contrário das areias. O solo argiloso seco não tem partículas, é pó e constituído de micro-partículas, invisíveis ao olho humano. Molhado, ele pode ser moldado gerando formas estáveis.

Os solos argilosos caracterizam-se por:

- plasticidade: a argila molhada toma a forma que se quiser dar. Suas partículas têm atração entre si, permitindo manter essa forma.
- Impermeabilidade: as argilas são altamente impermeáveis, face ao pequeno diâmetro de suas partículas, o que impede a passagem da água.
- Coesão: nos solos argilosos há uma coesão que atrai suas partículas e que explica sua plasticidade.(**)

(*) Karl Terzaghi nasceu em Praga, em 2 de outrubo de 1883, sendo considerado o pai da Mecânica dos Solos. Trabalhou grande parte da sua vida no Instituto Tecnológico de Massachussetts e na Universidade de Harvard.

(**) Num terreno que sofreu grande escavação por volta de um mês são visíveis os dentes da peça que fez a escavação. Dá até para medir a espessura dos dentes e seu espaçamento, daí conclui-se que o solo tem característica argilosa.

Conseqüências das características das obras em solos argilosos.

A) – Escavação

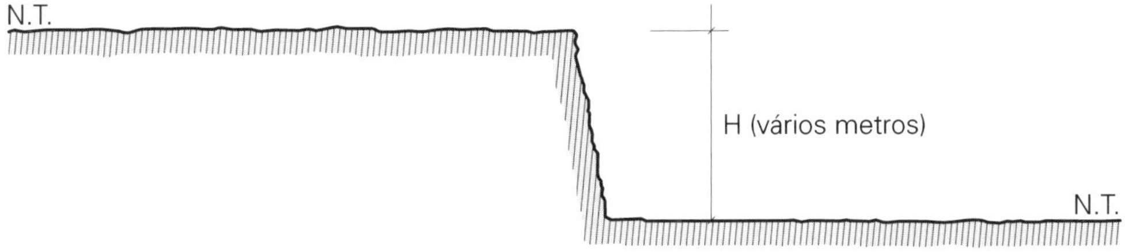

Corte, quase a prumo, é possível de ser feito em terrenos argilosos

B) –Infiltração de água

Escavações em terrenos argilosos não costumam oferecer problemas de alagamento por água do lençol freático, pois o liquido não infiltra com facilidade do terreno para a escavação.

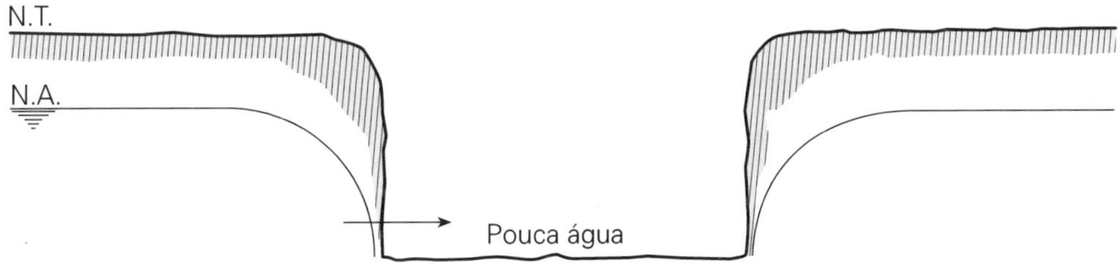

Escavações junto a rios – se o solo envolvente à escavação for argiloso, não deverá ter maiores vazões de infiltração. Se esta ocorrer, será pequena e a água pode ser retirada por baldes ou bombas simples de recalque. Se o solo fosse arenoso haveria até inundações e seriam necessárias muitas bombas e rebaixamento do lençol freático.

C) – Recalques

Os recalques nos terrenos argilosos correspondem à redução do volume do terreno pela expulsão de água. Como essa expulsão é demorada (solo impermeável) os recalques nos terrenos argilosos evoluem com o tempo, e ocorrem só em longos períodos (o que não é bom).

Há uma expressão muito comum na Mecânica dos Solos que diz:

> ***"O néctar dos deuses é escavar em solos argilosos (baixos problemas com infiltração da água, e baixos problemas com escoramento nas valas), e fundear em solo arenoso".***

Este conceito basicamente deve-se ao que se segue:

- os recalques nas areias são imediatos, ao contrário do que ocorre com as argilas, onde os recalques se processam lentamente (anos).
- Os solos, quando confinados, ou seja, a alguma profundidade do nível do terreno (> 1,0 m) poderão ter sua resistência majorada.
- Na fórmula apresentada no caso nº. 7, dos Engos. Decourt e Quaresma, verificam-se pela tabela nº. 2 que as estacas com a ponta em areia possuem suporte significativamente superior ao das argilas.

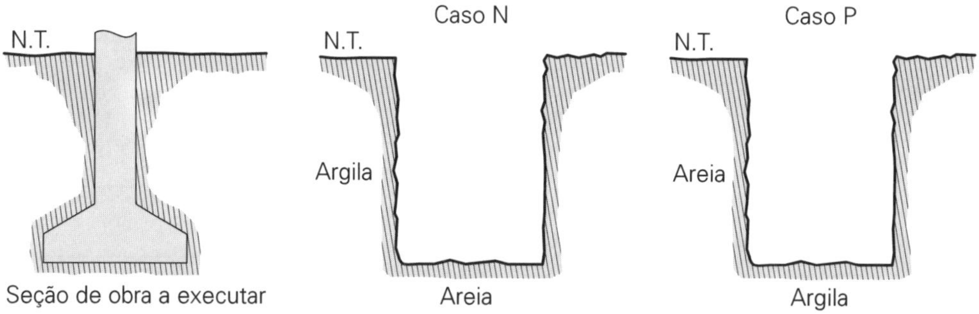

Cortes

Seja a questão de termos de escavar para fazer uma sapata (ou tubulão)

Caso N = ideal – escavar em argila, apoiar em areia

Caso P = o menos desejável – escavar em areia, apoiar em argila.

Em regiões argilosas, na seca, a argila fica extremamente dura, difícil as vezes até de ser quebrada com a mão.

A argila queimada produz o material para feitura de tijolos, vasos, talhas de água e bonecos do Mestre Vitalino, lá do Nordeste do Brasil.

Para aumentar a consistência das argilas nós usamos a compactação e o controle de umidade.

Aterros são compactados assim em camadas de 10 a 30 cm.

Usamos para isso compactadores tipos pés de carneiro.

O SPT de um aterro bem compactado pode chegar de 10 a 12.

As camadas de terra argilosa são compactadas com adição de água (caso mais comum).

O eng. Luis Fernando Meirelles Carvalho fala agora:
"Os solos possuem uma estrutura constituída de sólidos, líquidos e gases. É importante este entendimento a fim de compreendermos bem o seu comportamento. Um solo é um esqueleto sólido dentro d'água. Ao se aplicar uma carga neste solo, parte será suportada pelo esqueleto sólido e parte pela água que é chamada de pressão neutra. Pela característica impermeável da argila, a parte líquida no seu interior tem dificuldade de sair do mesmo ao ser submetida a uma carga. Veja esquema a seguir:

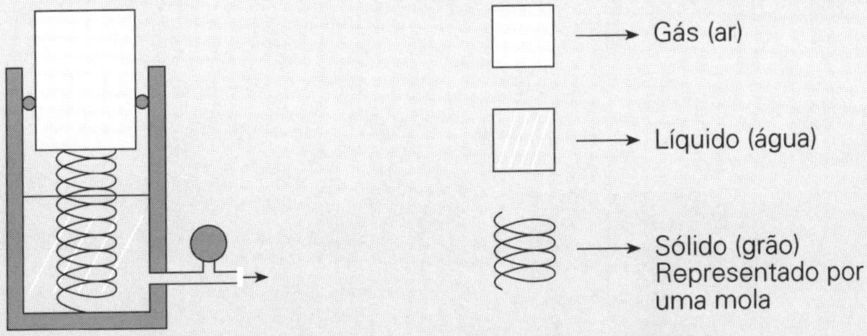

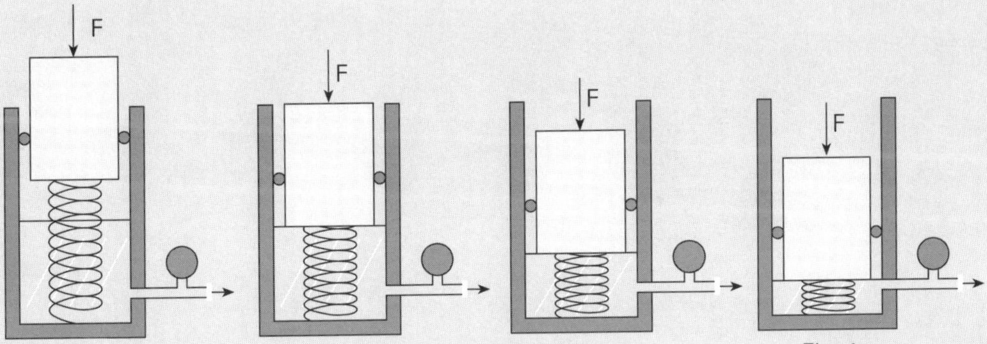

Fig. 1 Fig. 2 Fig. 3 Fig. 4

O desenho mostra o modelo do solo no seu estado de repouso na natureza. Na figura 2, ao se aplicar à força, vemos a expulsão do ar e a compressão da estrutura sólida do solo; na figura 3 o inicio da expulsão do liquido (água) do solo (veja que dependendo da maior ou menor impermeabilidade do solo esta água terá maior ou menor dificuldade de sair).
Na figura 4 a força aplicada é sustentada exclusivamente pela estrutura sólida que não se deforma mais, embora ainda existindo água no seu interior.
A coesão, característica fundamental das argilas, baseia-se no fato de forças intersticiais exercidas pela água – efeito de menisco. Observa-se que

este efeito é o conjunto da ação ar – água. As partículas de água mantêm os grãos ligados pelo efeito menisco, que faz a água subir nos tubos bem finos, acima da superfície da água. O ar tem a função de manter a água na posição original ligando os grãos próximos.
Este fato faz com que ao se inundar o solo de água a coesão caia a zero.
É por esta propriedade que as argilas podem ser escavadas até profundidades elevadas, a prumo, sem escorregarem.
Esta característica das argilas é exclusivamente pelo fato de sua granulometria ser muito baixa (5 micros) como visto anteriormente."

Parte II

FICHA 3 — SOLOS ARENOSOS — FUNDAÇÕES EM SOLOS ARENOSOS

Os terrenos arenosos são o oposto dos terrenos argilosos. São permeáveis e não tem nenhuma coesão.

Conseqüências das características dos solos arenosos:

A) – Escavação

Exige que se configurem superfícies inclinadas (taludes).

Cortes verticais não seriam estáveis.

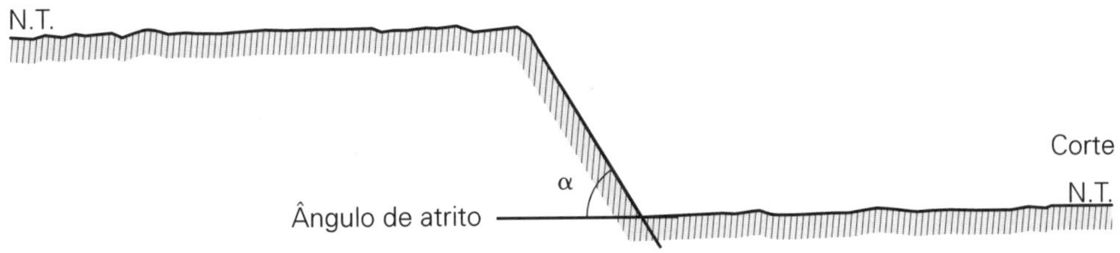

B) – Infiltração de água

Escavação em terrenos arenosos onde o lençol freático seja alto, enfrenta o problema da água invadir a escavação.

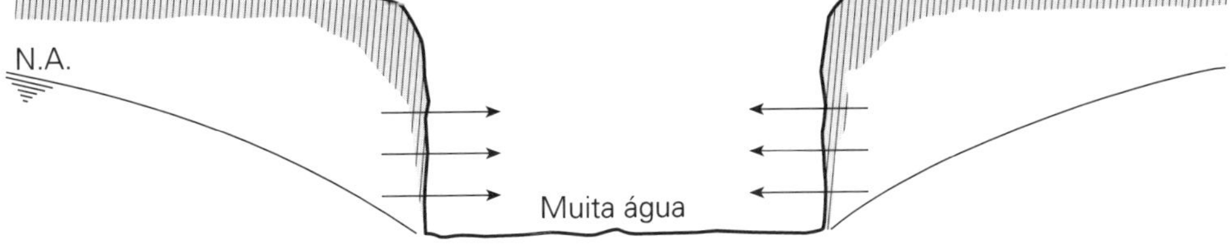

C) – Recalques

Os recalques nos solos arenosos são imediatos.

Para entender mesmo a questão de solo arenoso e solo argiloso vamos narrar a história de uma bela solução de engenharia rodoviária:

Na região de Altinópolis – SP ocorre um trecho de "areião", quase deserto. Na época das chuvas o areião tem alguma umidade estabelecendo a chamada coesão fictícia e o tráfego nas estradas de terra se dá sem problema. Quando chega o inverno, seco(*), o terreno arenoso perde suas condições de dar suporte à passagem de carros. A coesão (desaparece a coesão fictícia) dada pela umidade, foi-se!

A solução é jogar sobre a areia uma camada de solo argiloso que é importada de local distante. Essa camada é compactada com controle de umidade e com isso não perde (ou perde pouco) de sua umidade nesse período seco e fornece um piso consistente e razoavelmente adequado à passagem de carros. Este exemplo verídico, dá uma boa idéia de como funcionam esses solos.

Em certas regiões argilosas, na seca, a estrada produz uma certa poeira, o que indica que a argila não estava só. Tinha má companhia. Era um solo argiloso-siltoso. Um solo é argiloso-siltoso quando nele predomina a característica argila sobre o silte e é silte – argiloso quando predomina o aspecto silte sobre a argila.

Nas areias, quando se quer compactar usam-se compactador e vibrador. Uma demonstração de que vibração atua bem em solos arenosos pode ser feita enchendo-se pela metade uma garrafa com areia. Vibre a garrafa e você verá que a areia se compacta, diminui de volume, reduzindo o índice de vazios.

NOTAS SOBRE AS AREIAS

As areias – ao contrário das argilas – ao serem escavadas imediatamente escorregam sobre si mesmas e se acomodam de acordo com um ângulo natural de repouso também chamado ângulo de atrito.
Veja-se o exemplo acima: um terreno arenoso, a fim de se adequar ao "greide" da estrada nos obriga a executar uma escavação e, ao realizarmos este corte, o mesmo já deve ser feito de acordo com o ângulo natural de repouso. Este ângulo de atrito pode ser obtido pelo ensaio simples de cisalhamento que mostramos no desenho a seguir:

(*) No Sul do país, nos meses de maio a agosto temos os meses com menor pluviosidade e temperaturas mais baixas. É o inverno sêco. Em São Joaquim SC. nessa época, neva.

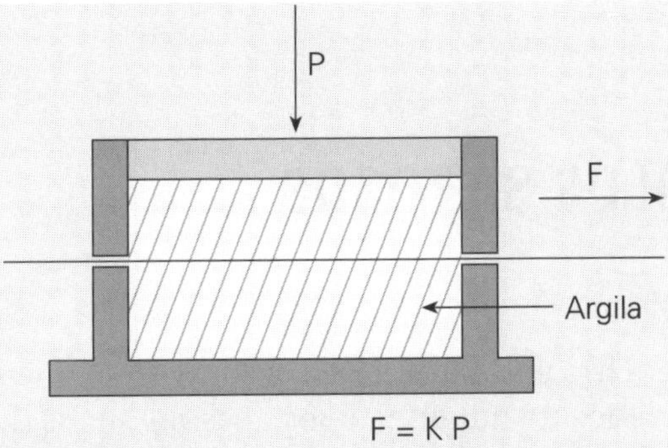

Ou seja, existe uma força F para cada carregamento P, sendo K a constante, então chamada de ângulo de atrito pois:

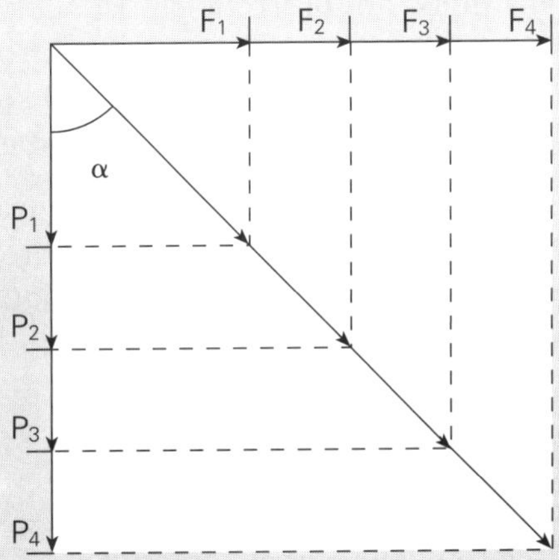

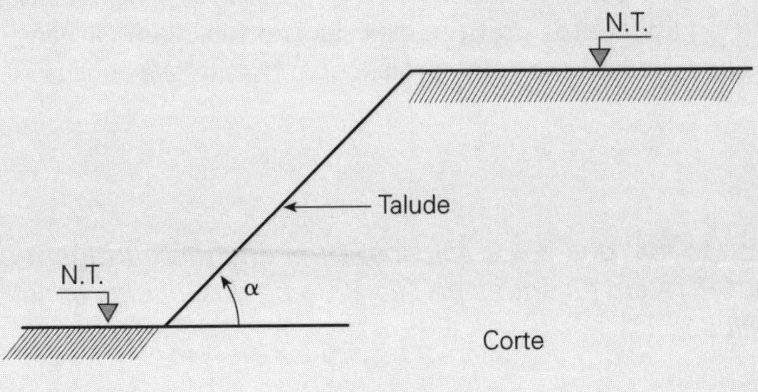

Verifica-se que para uma carga P nula, F também é nula, e diz-se então que os solos arenosos não possuem coesão responsável pela manutenção do estado de equilíbrio sem ação de força externa.

Normalmente o ângulo de atrito das areias varia de 30º a 45º.

O ângulo de atrito varia em função do:

- *tipo de granulometria,*
- *grau de compactação.*

Parte II

FICHA 4 — SOLOS SILTOSOS

O silte é o solo intermediário entre a areia e a argila. Dizem que é o "primo pobre" dos dois. Não tem as qualidades de nenhum deles, mas possui os defeitos de ambos.

Quando se passa por uma estrada não pavimentada e o pó não se levanta, estamos passando por uma estrada de solo argiloso ou arenoso. (O exemplo máximo de estrada arenosa é passar com o carro numa praia). Quando o carro passa e levanta quantidade exagerada de pó estamos num terreno siltoso. O silte tem partículas extremamente leves que são levantadas pela passagem do carro. O solo arenoso tem partículas extremamente pesadas para serem levantadas. O solo argiloso tem partículas muito leves mas a sua coesão impede um grande levantamento de pó.

Um dos métodos rústicos, mas interessante para diferenciar solos siltosos de argilosos (que são à primeira vista parecidos, pelo tamanho microscópio de seus grãos) é o de sujar o dedo com esses solos. Se uma passagem de água lava imediatamente o dedo, então o solo é siltoso. Se ao contrário, uma parte do solo "pegar" (coesão) então o solo é argiloso.

O solo argiloso, pela sua ambivalência, é o de mais difícil determinação de suas características (resistência, drenabilidade).

Na verdade quase nunca se tem solo siltoso; ou se tem o solo siltoso-arenoso ou siltoso-argiloso, e para efeitos práticos eles são tratados como argilas quando classificados como siltes argilosos, e como areias, quando siltes arenosos.

NOTA

Não se fale tão mal dos solos siltosos. Uma enorme barragem de terra em Paraibuna, SP, retem as águas do Rio Paraíba do Sul e foi construída usando solos siltosos.

Parte II

FICHA 5 — TRANSMISSÃO DE CARGAS NOS SOLOS — BULBOS DE PRESSÕES

As cargas transmitidas pelas edificações aos solos tendem a se dissipar com a profundidade, ou seja, a partir de uma certa profundidade o terreno já não sofre mais a influência de cargas externas.

O croqui a seguir procura mostrar isso.

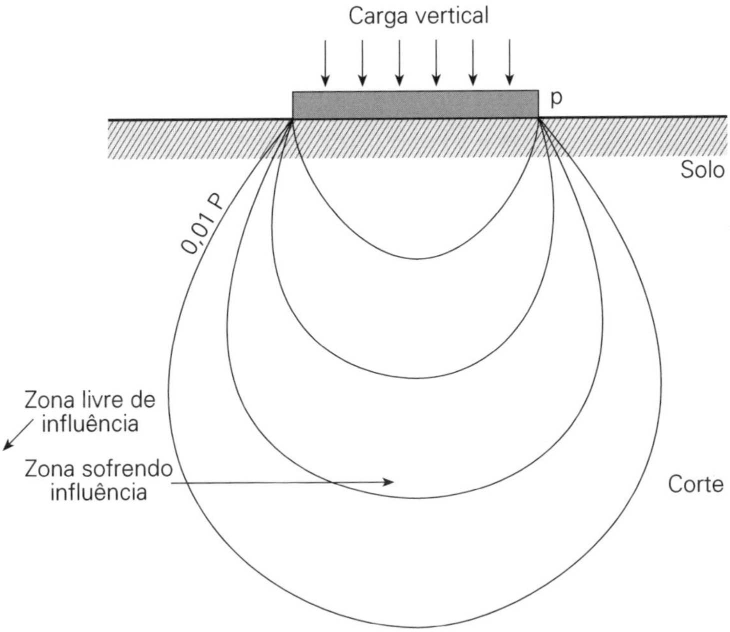

Notar que há uma propagação horizontal e vertical de cargas, gerando o cone de pressões.

NOTA

A carga se distribui na horizontal e se dissipa na vertical. É o cone de cargas.

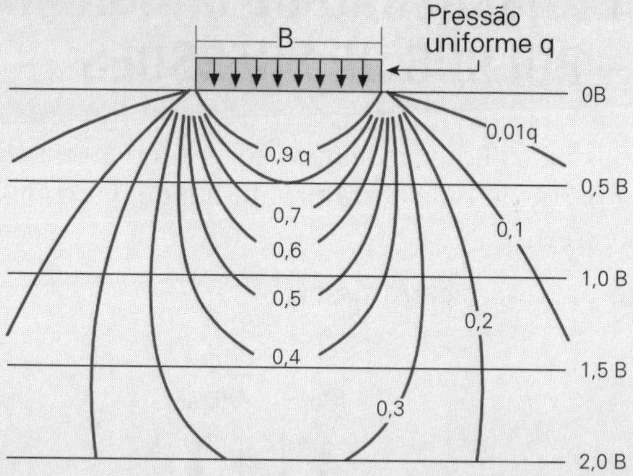

Vê-se por ai que para uma carga de 20 t/m distribuída em uma sapata de 40 cm de largura (B = 0,40 m) a profundidade de 80 cm (2B) a tensão seria 0,3. 20 t/m = 6 t/m.

NOTA

Quando temos dois prédios próximos, pode acontecer ***a soma*** *das tensões de dois bulbos, agravando as condições de recalque diferencial.*

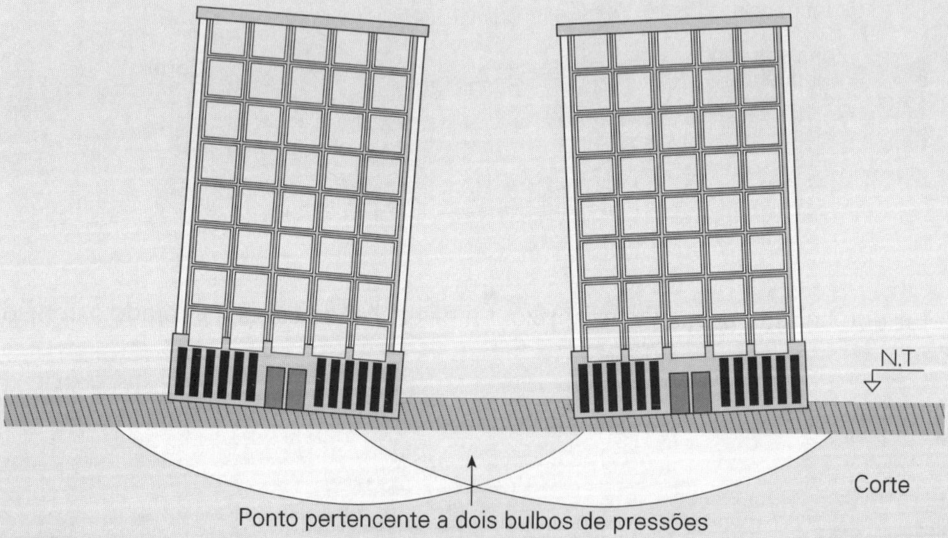

O famoso caso da Torre de Pisa, Itália também é um caso extremo de recalque diferencial.

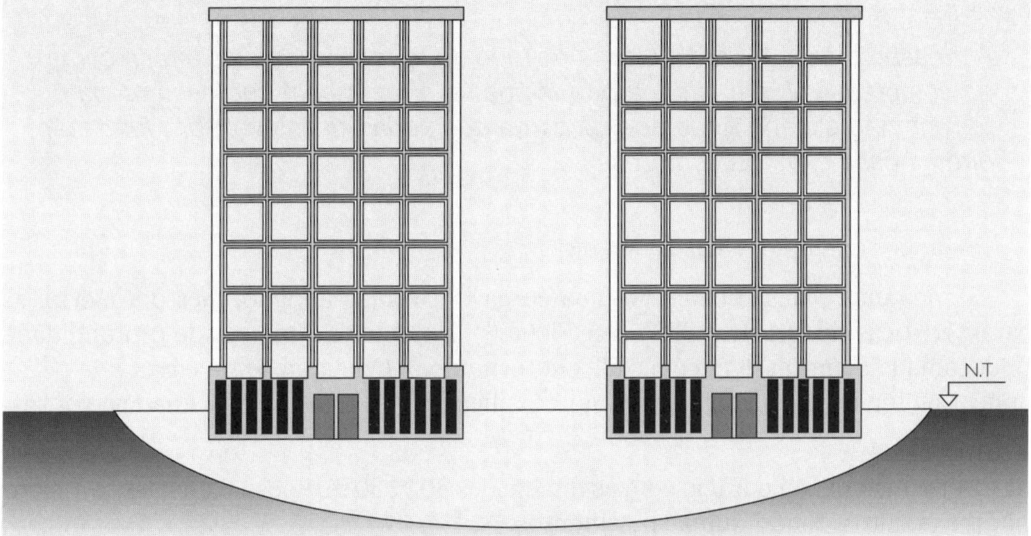

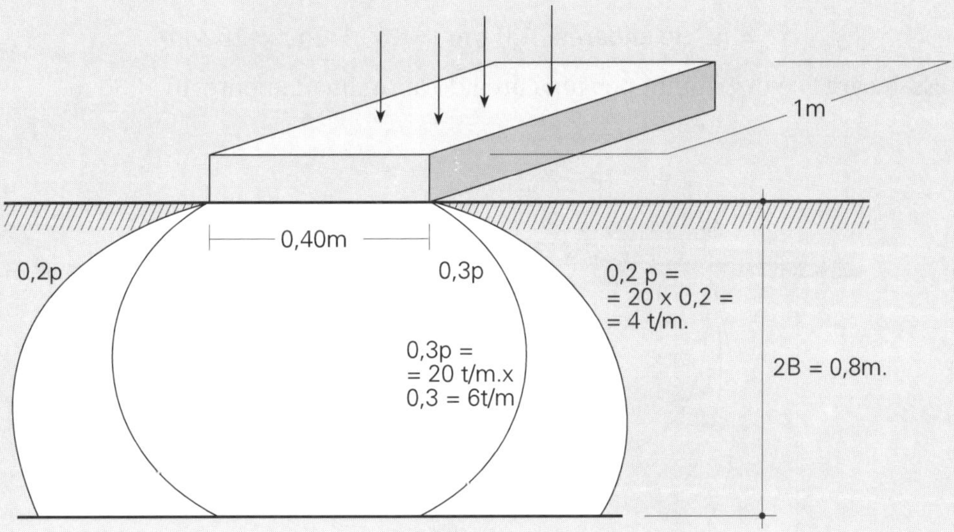

Como já foi falado, o bulbo de pressões representa a propagação das tensões nos solos subjacentes ao elemento de fundação, ou seja, fora do bulbo, as tensões se dissipam integralmente.

Evidentemente a configuração do bulbo é variável de solo para solo, principalmente em função de sua heterogeneidade, característica importante dos solos de fundação.

Em função disto há uma regra "de ouro" para uma aplicação prática.

REGRA DE OURO

> *A pressão máxima a ser aplicada no topo do terreno onde existe uma camada compressível, em alguma profundidade, é fazer com que essa carga no terreno não exceda à metade da carga que seria admissível para fundação direta nessa camada compressível.*

Seja, por exemplo, o caso a seguir.

Temos uma placa recebendo uma carga P e vemos ao lado, metro a metro, as características do terreno (SPT - ver Ficha 6). Notamos a 8 metros de profundidade uma camada compressível com SPT em torno de 6. Qual a máxima carga que posso aplicar no terreno? O problema a seguir explica isso e a questão da camada compressível.

Suponhamos um edifício com as dimensões 40 × 30 m e peso equivalente a 1t/m^2 por pavimento e tendo quinze pavimentos.

Admitimos que a fundação seja por sapatas, e que uma tão próxima à outra, que formam uma estrutura única (radier). O peso total estimado do prédio será:

$$\sigma_a = \text{n.}^\circ \text{ de andares} \cdot 1{,}0 \text{ t/m}^2 = 15 \cdot 1 \text{ t/m}^2 = 15 \text{ t/m}^2$$

Essa carga se distribuirá por uma área de aproximadamente 40 × 30 m.

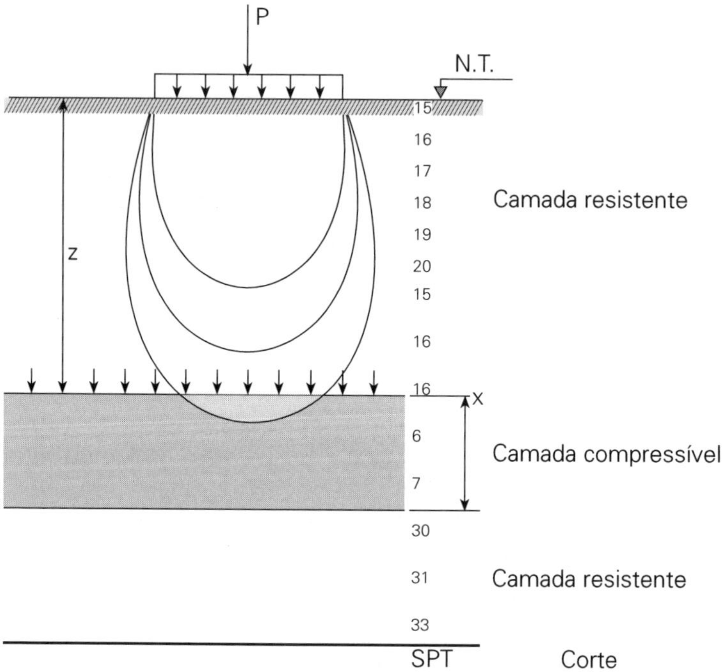

A fórmula que dá a tensão no interior do solo a uma profundidade z é

$$\sigma_0 = \frac{P}{(L_1 + 2z \cdot tg\alpha) \cdot (L_2 \cdot 2z \cdot tg\alpha)}$$

onde:

P = carga total na fundação (em ton)

L_1 = largura da construção (em m)

L_2 = ângulo de espraiamento das tensões

$$(\alpha = 30^o \;\therefore\; tg\,30^o = 0{,}58)$$

Calculemos a pressão que esse edifício causa na profundidade de 8,5 m que é a profundidade onde está a camada compressível. Logo:

Z = 8,5 m

L_1 = 30 m

L_2 = 40 m

$$tg\alpha = tg\,30^o = 0{,}58 \quad \text{carga } P = 30 \cdot 40\text{ m} \cdot 15\text{ t}$$

Achamos 15 t (1 t/m^2) · (quinze andares). Logo:

$$\sigma_0 = \frac{30 \cdot 40 \cdot 15}{(30 + 2 \cdot 8{,}5 \cdot 0{,}58) \cdot (40 + 2 \cdot 8{,}5 \cdot 0{,}58)} = 0{,}9\text{ kg/cm}^2 = 9{,}0\text{ t/m}^2$$

Logo, a tensão a 8,5 m de profundidade é 0,9 kg/cm^2. Pela "regra de ouro," para essa profundidade, a máxima tensão que poderia ocorrer seria a metade da tensão admissível caso fizéssemos nesse solo compressível uma fundação direta. Como está escrito na Ficha nº 8 a tensão admissível em fundações diretas se admite

$$\sigma = \frac{SPT}{5}$$

O SPT do solo compressível é 6 (válido entre $5 < SPT < 20$)

Logo:

$$\sigma = \frac{6}{5} = 1{,}2\text{ kg/cm}^2 = 12\text{ t/m}^2$$

Pela "regra de ouro" a tensão não pode ultrapassar

$$\frac{1{,}2}{2} = 0{,}6\text{ kg/cm}^2$$

No caso presente, a tensão que o prédio causará será de 0,9 kg/cm^2, portanto inaceitável.

Parte II

FICHA 6 — SONDAGEM À PERCUSSÃO, O QUE SÃO, COMO INTERPRETAR SEUS RESULTADOS

6.1 PRELIMINARES

Para se conhecer o subsolo de um terreno pode-se:

- cavar poços de exploração e entrar-se nesse poço para se ver "in situ" (no local) a evolução das camadas. É uma inspeção visual, tátil qualitativa, não quantitativa,
- usar trados que trazem para a superfície do terreno amostras (deformadas) dos solos. Há trados de concha e os trados sacarolha,
- visitar as obras das imediações para saber como elas se comportaram, na sua relação com o terreno,
- executar obras-piloto de avaliação do terreno,
- executar ensaios com amostras extraídas ou provas de carga,
- fazer ensaio de percussão[*] (ensaio de simples reconhecimento).
- Vamos nos concentrar neste processo normalizado pela ABNT pela Norma NBR-6484 e que corresponde à técnica mais usada hoje em dia no País.

Reprisamos o que já dissemos. O fato de se dispor de dados de sondagens de um terreno não exclui a necessidade de se fazer uma vistoria no local da obra.

Dados do amostrador SPT (o mais comum)

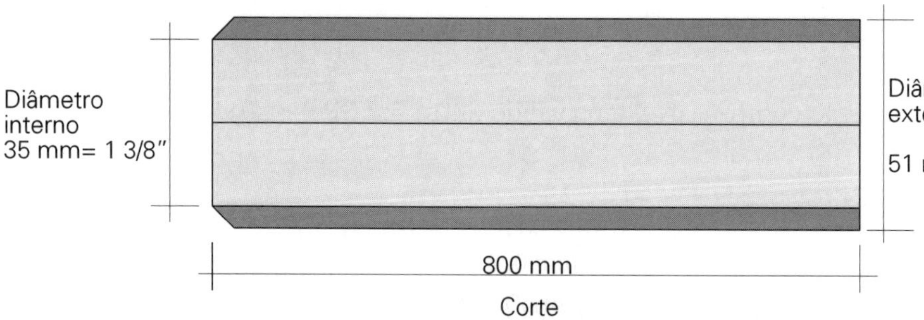

[*] Percussão = batida.

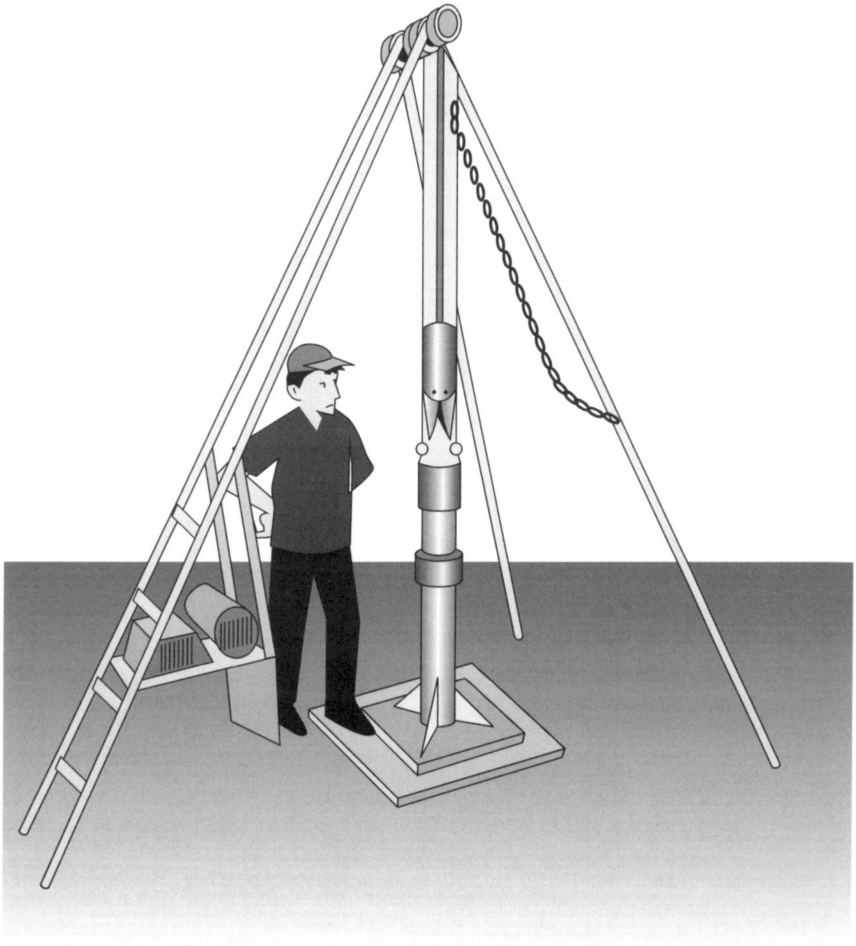

NORMAS:

NBR 8036 - Programação de sondagens de solo de simples reconhecimento para fundações de prédios (SPT)

NBR 6484- Solo - sondagem de simples reconhecimento - SPT

Evolução da sondagem

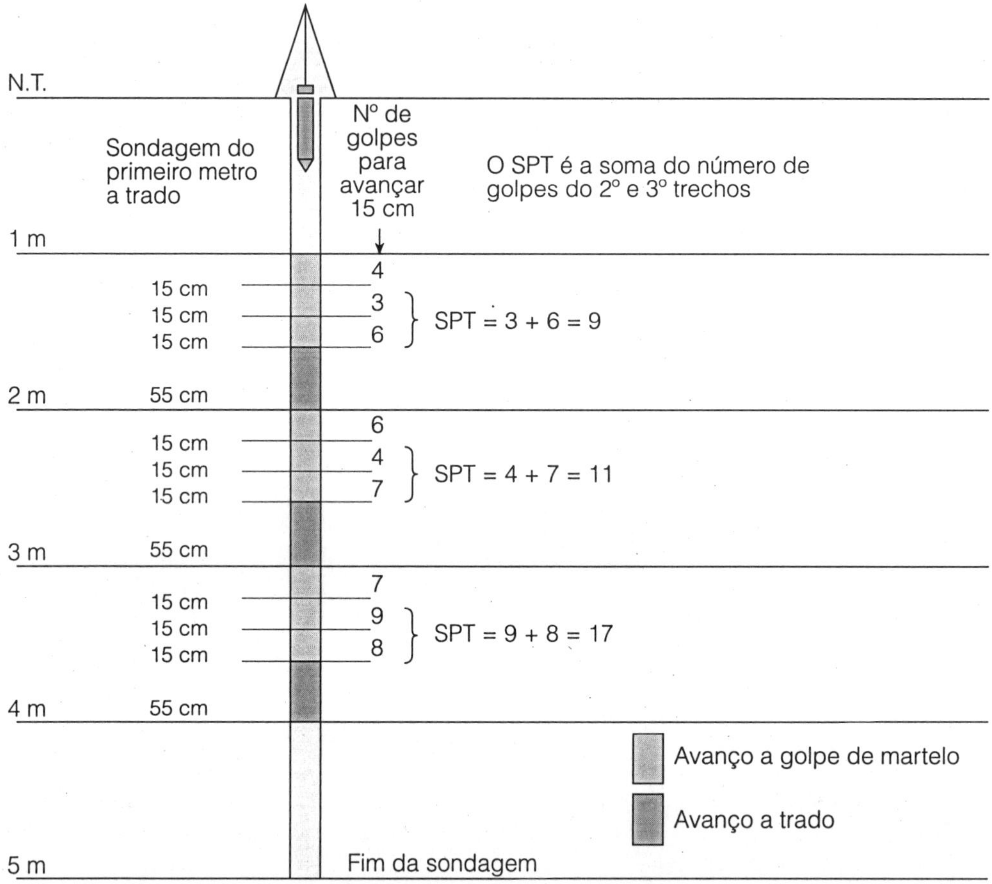

SPT – Standard Penetration Test (Teste de penetração padrão)

NOTA HISTÓRICA

No Brasil principalmente em São Paulo, o uso de sondagens SPT começou nos anos 30, com o Eng. Odair Grilo do Instituto de Pesquisas Tecnológicas (IPT), após ter participado do curso na Universidade de Harvard (EUA) com o professor Artur Casagrande e visitado o Professor Karl Terzaghi em Viena. O Eng. Grilo introduziu aqui o sistema de sondagem geotécnica - SPT como apoio à obras de pontes e pavimentação de estradas. Foi então implantado no IPT um laboratório para ensaios físicos e mecânicos de amostras de solos.

Interpretação de uma folha de sondagem

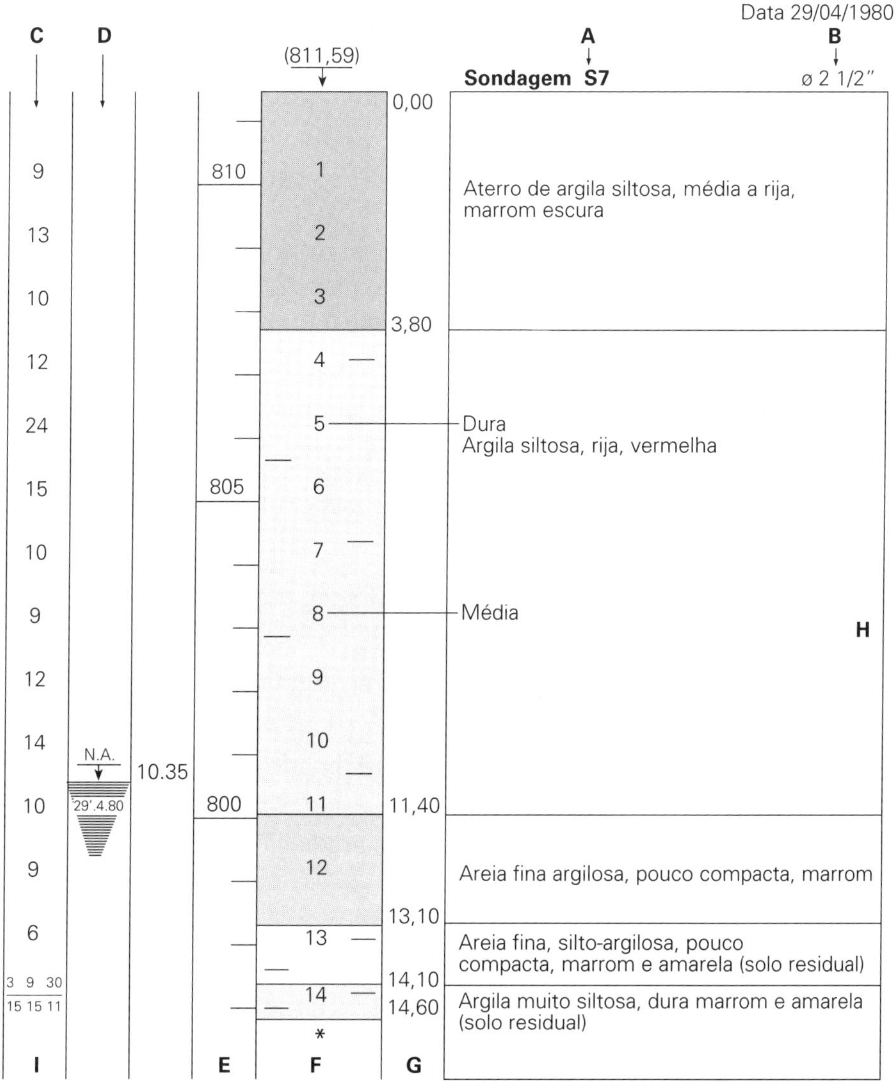

(*) Impenetrável à ferramenta de percussão

Interpretação

A S – 7 – É o código deste furo de sondagem para esta obra.

B 2½" – É o diâmetro do furo

NOTA

A data é importante em qualquer documento técnico. Em sondagens, permite saber se a época de realização era época seca ou úmida.

C Indica a soma do número de golpes para descer o 2º e 3º trecho de 15 cm depois de passar o 1º trecho de 15 cm (cujo número de golpes não é considerado no cálculo). A somatória do número de golpes para vencer o 2º e 3º trecho de cada metro é o convencionalmente adotado como a resistência à percussão (batida) do trecho de um metro. É o SPT (Standard Penetration Test - teste padrão de penetração) do trecho.

D No dia da realização da sondagem (29/04/80) o nível d'água estava na cota 10,35 m. Notar que para efeito de previsão quanto à eventual existência ou não de água nas obras de fundação, a observação é boa, embora haja uma "nota" recomendando para maior certeza, abrir poço exploratório. O nível d'água indica a posição do líquido no buraco da sondagem. Não é umidade. É água mesmo.

E Indica a altitude das camadas em relação ao nível do mar. Normalmente as firmas de sondagem não dão altitudes e sim profundidades pois para dar altitudes é necessário ter-se uma referência de nível, e trabalho de sondagem não é trabalho de topografia. No caso, a firma de sondagem "amarrou" suas cotas a uma referencial de nível, disponível na obra.

F As cinco camadas de solos encontrados estão indicadas nesta coluna, bem como suas profundidades (m). Notar a correspondência entre profundidade (dentro de um quadrado) e a altitude à esquerda.

G Indicação mais precisa (numericamente) das profundidades (m) de variação das camadas. Assim:

- Da cota 0,00 até à cota 3,80 m o terreno é de aterro de argila siltosa, média à rija, marrom escura.
- Da cota 3,80 m até à cota 11,40 m ocorre argila siltosa rija vermelha.
- Na cota 14,62 m o amostrador não mais penetrou. É o impenetrável à percussão.

Pode ter encontrado então:

- solo rochoso
- pedra, matacão.

H A classificação dos materiais é feita em laboratório por exame tátil visual, sem aparelho. Quem fez a classificação é um laboratorista, que, para dar as suas classificações, leva em conta:

- As amostras de solo (metro a metro) trazidas do ensaio.
- Os resultados da percussão (o SPT)
- A interpretação do mestre da sondagem (que também escreve no seu relatório de campo a sua interpretação do solo).

O laboratorista pode seguir ou não a opinião do sondador quanto à classificação.

Quando se tem o resultado de campo, o laboratório caracteriza os solos por:

Compacidade (grau de compactação) das areias e silte arenoso	
Tipo de areia ou silte arenoso	SPT
Fofa	0 – 4
Pouco compacta	5 – 8
Medianamente compacta	9 – 18
Compacta	19 – 40
Muito compacta	> 40

Notar que nas areias se mede o grau de compactação (compacidade) ou seja, se os grãos estão ou não juntos uns dos outros. Não se mede o grau de coesão pois coesão, ligação, aderência, colagem, isto tudo é típico das argilas e não das areias.

Consistência das argilas ou de silte argiloso	
Argila ou silte argiloso	SPT
Muito Mole	0 – 2
Mole	3 – 5
Média	6 – 10
Rija	11 – 19
Dura	> 19

Depois de vistos estes dois quadros, entendemos:

Compacidade: Mede o grau de proximidade das partículas de um solo. É uma medida de solos granulares, solos particulados como as areias e os siltes arenosos. Uma areia vibrada, socada, reduz de volume, aumenta seu peso específico mas não altera sua ligação interna, sua coesão, que não existe nesses solos.

Consistência: É uma medida de dureza, de coesibilidade de um solo argiloso ou de silte argiloso.

Notar que não existe conceito semelhante para o silte. O silte ou é arenoso ou argiloso. Não merece conceito ou quadro específico.

Número mínimo de sondagens

O número mínimo é:

- duas sondagens para edifícios cuja projeção em planta não excedam 200 m^2
- três sondagens (nunca em linha reta) para edifícios com área de projeção em planta entre 200 m^2 a 400 m^2. Para casos de edifícios com área em projeção em plantas maiores valem as regras
- uma sondagem para cada 200 m^2 de área em planta para áreas até 1.200m^2
- uma sondagem a cada 400 m^2 para áreas que excedam 1200 m^2 e inferiores a 2400 m^2 e para a área excedente de 1200 m^2

Para prédios com área de planta superior a 2400 m^2, estudar caso a caso.

6.2 CRITÉRIOS PARA INTERRUPÇÃO DE SONDAGEM

A) – Pelas características da obra:

Paralisar em solo de menor resistência desde, que com justificativa geotécnica (item 4.3.10 da NBR-6484). Obras com cargas muito baixas que, com os Índices de penetração obtidos justifiquem, por cálculos, uma paralisação.

B) – Pelas características do terreno

O item 4.3.10 da NBR-6484 fornece os critérios para parada de sondagens:

- quando em 3 metros sucessivos se obtiverem índices de penetração maiores do que 45/15.
- quando em 4 metros sucessivos forem obtidos índices de penetração entre 45/15 e 45/30.
- quando em 5 metros sucessivos forem obtidos índices de penetração entre 45/30 e 45/45.

6.3 HÁ SEMPRE NECESSIDADE DE SONDAGEM?

Lá vai outra "historieta" alias, as estórias nada mais são do que exemplos práticos a atestarem as regras teóricas.

Para fixar um painel publicitário metálico com 8 metros de altura decidiu-se por uma fundação em tubulão. O problema era que o tubulão tinha que propiciar um bom engastamento no terreno para equilibrar o momento fletor que o vento causava ao atuar sobre o painel. A carga vertical era pequena.

Na hora de executar esse tubulão (0,90 m de diâmetro e 5 m de profundidade) perguntou-se:

— Mas precisa fazer sondagem?

Quase que se decidiu iniciar a escavação do tubulão sem sondagem, quando o engenheiro de solos argumentou:

" — Com sondagem nós poderemos antever:

- Tipo de solo (se é argiloso ou arenoso) e as conseqüências do lençol freático, que, se existente, atrapalharia ou não a escavação.
- Ocorrência de rochas ou matacões no local.

A escavação de um tubulão é cara pelas suas dimensões (0,90 m de diâmetro). Pode ser que a 4 m tenhamos que parar a escavação por invasão de água e perder todo o trabalho. Não vale a pena fazer sondagem? Ela nos dará uma série de informações. As sondagens não fornecem apenas o SPT. Antevêem problemas, e orientam métodos construtivos".

O dono da obra, pressionado por esses argumentos de pessoa experiente, concordou em fazer a sondagem.

6.4 DICAS PRÁTICAS PARA SE CLASSIFICAR UM SOLO

Um velho encarregado de sondagem preparou este roteiro prático de identificação de solos e forneceu ao Eng. Meirelles quando este iniciava sua vida profissional. Por ser útil - e como homenagem a esse velho profissional - anexamos sua mensagem:

"MACETES" PARA CLASSIFICAÇÃO TÁTIL VISUAL

Ao esfregar o material entre os dedos, perceberemos:
Areia – Tamanho dos grãos (maiores) – cristais

1) *Não é plástica.*
2) *É áspera.*
3) *Não suja a mão.*

Silte

1) *É plástico.*
2) *Desliza na mão.*
3) *Apresenta geralmente, mica.*
4) *Sempre contém caolim (argila branca).*
5) *Suja a mão. (Face talvez ao caolim)*

Argila

1) *É muito plástica.*
2) *Adere à mão.*
3) *Tem granulometria muito fina.*
4) *Suja a mão.*

6.5 NÚMERO MÍNIMO DE SONDAGENS (REPETIMOS POR ÊNFASE)

A norma NBR 8036 prescreve o número mínimo de sondagens à percussão em função da projeção da área construída de uma edificação. Vejamos:

número mínimo de sondagens	projeção da área construída (m^2)
2	200 m^2
3 a 4 (nunca em linha reta)	200 a 400 m^2

Para edifícios com área em projeção maiores, deve-se ter um furo de sondagem para cada 200 m^2 até a área de 1600 m^2 (oito furos).

Para áreas maiores estudar caso a caso.

A procura da " verdade geotécnica " não se esgota em mandar fazer sondagens. Temos também que considerar:

- o que se descobre de uma inspeção visual do terreno,

- a conversa com os construtores da região,

- a análise crítica dos resultados desse mínimo de furos que podem exigir novos furos,

- a verificação da qualidade do trabalho da firma de sondagem e da equipe específica designada para o trabalho.

- Sondagens a trado ou por poço exploratório.

Parte II

FICHA 7 — O PROBLEMA DOS RECALQUES

Para compreender o comportamento das fundações em relação aos recalques, temos que dividir a análise em duas partes:

7 .1 RECALQUES EM SOLOS ARGILOSOS E SILTE ARGILOSOS

Os solos argilosos contêm três componentes: sólido, líquido e gasoso. Ao serem submetidos à carga, parte desta é sustentada pelo arcabouço sólido (tensão efetiva) e a outra pela líquida (pressão neutra). Ai ocorre o recalque imediato.

Na medida em que o solo é comprimido, a água migra para outra região do subsolo (lentamente no caso das argilas pois as argilas são bastante impermeáveis) e se dá o recalque, que é lento até haver a total expulsão da água do solo e até que a carga se transfira integralmente para o arcabouço sólido (este processo pode demorar meses ou anos).

O cálculo de previsão de recalques em argilas só é possível através de ensaios específicos para determinação de:

E = índice de vazios

K = índice de compressibilidade

Po = carga de pré-adensamento

O desenvolvimento teórico desta situação encontra-se no livro "Fundações de Edifícios"- Prof. Milton Vargas.

Uma abordagem expedita deste tema o leitor pode encontrar na Ficha – F – 5.

Portanto observamos aqui que o rebaixamento do lençol freático em solos argilosos – seja por poços de coleta de água ou rebaixamento para execução de escavações – acelera o processo de recalque nas construções vizinhas.

7.2 RECALQUES EM SOLOS ARENOSOS (E SILTES ARENOSOS)

As cargas aplicadas neste tipo de solo se transferem instantaneamente para o arcabouço sólido pois a água contida é expulsa instantaneamente (as areias são permeáveis); portanto neste caso teremos recalques imediatos, o que é uma grande vantagem, pois quando se aplicam com as cargas, o solo cede. Se o recalque trouxe problemas, estes são corrigidos ainda durante as obras quando já ocorrem 80% das cargas dos prédios. Nos solos argilosos o recalque cresceria por anos.

No caso das areias o rebaixamento do lençol freático também provoca recalques por dois motivos:

1 A saída de água provoca nas areias seu adensamento, pois o empuxo nas partículas sólidas deixará de existir.

2 A migração de finos do solo arenoso para junto dos pontos de bombeamento. Quando se bombeia, juntamente com a água são retirados os finos do solo por falta de eficiência nos filtros drenantes e os efeitos são catastróficos. Ressalte-se aqui que mesmo nos solos argilosos (destaque-se que os solos nunca são puros) é necessária a adoção de filtros nos bombeamentos para evitar o mesmo efeito. Os recalques em areias podem sèr estimados por ensaios de carga (este ensaio está descrito na Ficha n.º 8).

Parte II

FICHA 8 — CAPACIDADE DE CARGA DOS SOLOS

Neste aspecto abordamos apenas a mecânica de funcionamento da capacidade de carga dos solos.

A ruptura do solo não ocorre, como um material do estado sólido, com a quebra da estrutura do material e sim ocorre um escorregamento interno do solo como mostrado na figura a seguir:

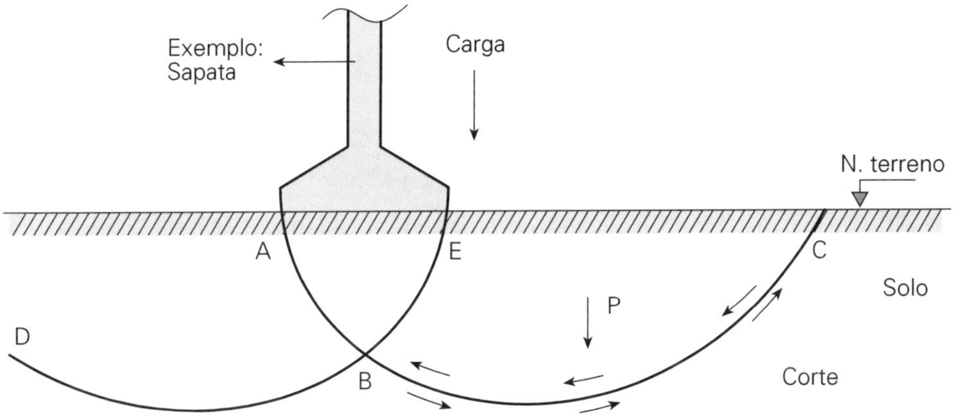

O solo é empurrado para o lado provocando o deslizamento das superfícies ABC e EBD. A este fenômeno dá-se o nome de "empuxo passivo".

As forças que agem ao longo destas superfícies são determinadas a partir das características do subsolo e a ruptura se dá obviamente quando se rompe o equilíbrio de forças intervenientes no processo(*).

Para determinação da taxa admissível do terreno, temos:

(*) Este estudo do equilíbrio de forças foi desenvolvido por Terzaghi.

1 Fundações rasas

1.1 Métodos teóricos como por exemplo o desenvolvido por Terzaghi e apresentado no livro "Mecânica dos Solos e Suas Aplicações" do Prof. Homero P. Caputo.

1.2 Ensaio de prova de carga. Este ensaio é feito mediante uma placa de 80 cm de diâmetro que é carregada crescentemente até à ruptura do solo, como mostrado a seguir:

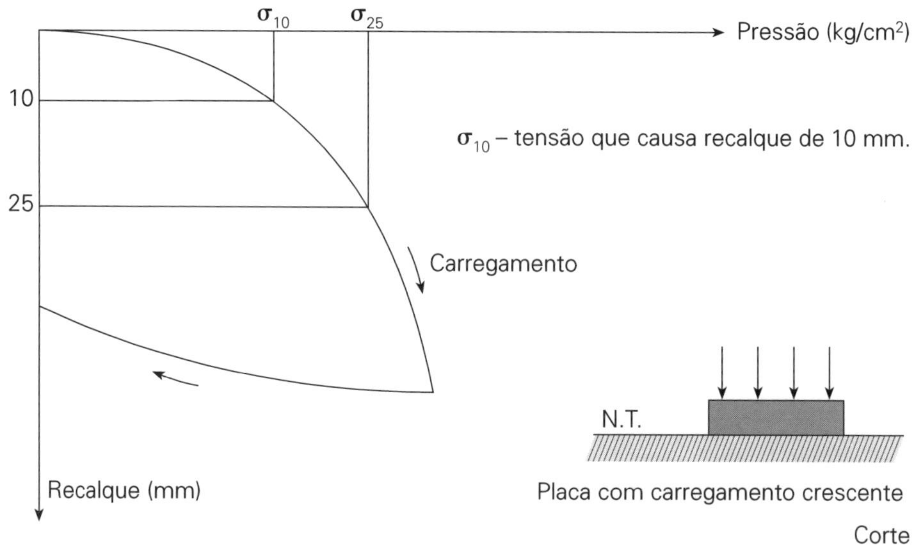

O valor da taxa a ser admitido será o menor entre os dois valores abaixo:

$$\sigma_{ad} = \sigma_{10}$$

$$\sigma_{ad} = \frac{\sigma_{25}}{2} \text{ ou } \frac{\sigma_{ruptura}}{2}$$

OBSERVAÇÃO

Deve ser verificado o terreno abaixo do local realização da prova de carga (camadas mais profundas) a fim de se certificar da não existência de terrenos compressíveis (ver ficha nº. 5).

1.3 Por ensaios de sondagem à percussão, a obtenção da taxa admissível é feita através da fórmula abaixo:

$$\sigma = \frac{\text{Número de SPT}}{5} \ (\text{kg/cm}^2)$$

válido para: $5 \leq$ número do SPT ≤ 20

2 Fundações em estacas

2.1 Métodos teóricos desenvolvidos por Terzaghi e outros autores (também constantes do livro do Prof. Homero P. Caputo).

2.2 Por ensaios de prova de carga. Conforme gráfico abaixo temos:

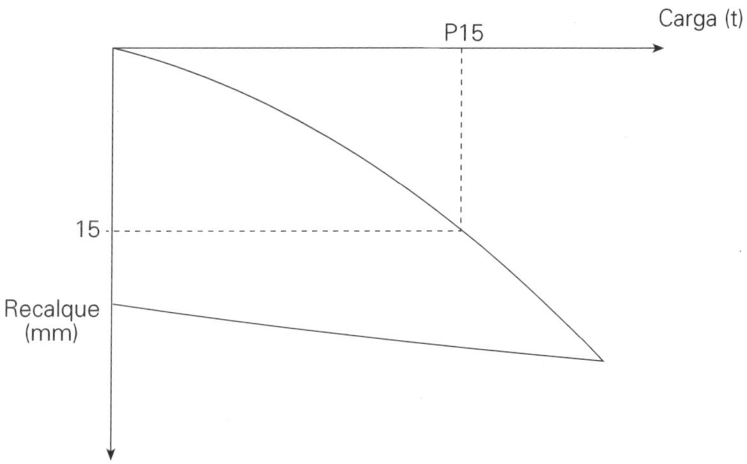

Adotaremos a menor entre as duas cargas abaixo:

$$P = \frac{P_r}{5} \qquad P_r = P_{ruptura}$$

$$P = \frac{P_{15}}{1,5} \qquad P_{15} = \text{ Carga para um recalque de 15 mm}$$

2.3 Por ensaio de sondagem à percussão. O critério adotado para previsão do comprimento da estaca é o seguinte.

Devemos ter um comprimento de estaca tal que atravesse camadas de solos cujos SPT somados (número de golpes para descer 30 cm) atinjam de 70 a 80 golpes. A previsão acima deve ser comprovada pela "nega", ou seja, penetração da estaca no solo pela ação de 10 pancadas sucessivas do martelo do bate-estacas.

As condições usuais são:

Nega = 10 – 25 mm

Martelo = peso igual a 1,0 vez o peso da estaca

Altura de queda do pilão = de 70 a 100 cm

3 Para fundações profundas

3.1 Por métodos teóricos, igualmente desenvolvidos para fundações rasas.

3.2 Por provas de carga, também desenvolvidas para fundações rasas.

3.3 Por ensaios de sondagem.

OBSERVAÇÕES GERAIS

Aproveitaremos aqui para fazer a seguinte observação: a obtenção da taxa admissível para um solo através do ensaio de sondagens, resulta de correlações com provas de cargas e fórmulas teóricas como, por exemplo, a de Terzaghi. Estas correlações, como se viu acima, já limitam o recalque a valores bastante pequenos. Portanto as taxas adotadas são determinadas pelos recalques máximos admissíveis (estado limite de utilização) e não pelo estado limite de ruptura.

Observa-se também que os valores máximos admissíveis foram propostos em função dos valores máximos admitidos pela estrutura. Em tese, se toda fundação recalcar uniformemente, a estrutura nada sofrerá, salvo em relação aos elementos que lhe dão acesso, como rampas, escadarias, passadiços, etc.

Já os recalques diferenciais poderão danificar integralmente a estrutura introduzindo-lhe esforços não previstos. Em tese as estruturas de concreto armado suportam recalques diferenciais da ordem de 2,5% do valor do vão entre pilares. Valores maiores criam problemas.

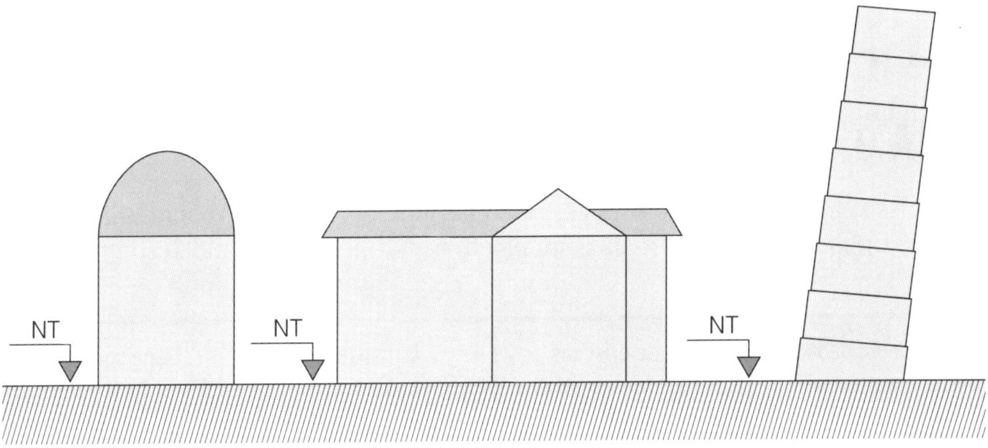

Corte

Um caso de recalque diferencial. Em Piza existe a igreja principal, a Torre e o Batistério. Só no local da Torre o terreno cedeu em parte, nascendo a torre inclinada. Nada aconteceu com a igreja e o batistério e por causa disso, não ficaram famosos.

Batistério – prédio especial para batismos.

Piza, Itália - Batistério, Igreja e Torre

Parte II

FICHA 9 — TIPOS DE FUNDAÇÕES QUE USAREMOS

Neste nosso estudo a considerando ser ele dirigido a jovens profissionais, limitar-nos-emos aos tipos de fundações mais comuns em nosso meio, como mostrado no quadro a seguir:

Tipo de fundação	Características	Dimensões	Capacidade (t)
Fundações diretas rasas	Sapata Sapata corrida	Variadas	Função das características do solo
Fundações por estacas (Fundação profunda)	Brocas (Comprimento de 5 a 7m)	D = 20 cm D = 25 cm	3 a 7 (Comprimento de 5 a 7m)
	Estaca escavada com equipamento mecânico	D = 20 cm D = 25 cm D = 30 cm D = 40 a 80 cm	15 25 35 60 a 250
	Estacas Strauss	D = 25 cm D = 32 cm D = 38 cm	20 30 40
	Estacas de concreto (quadrada)	20 x 20 cm 25 x 25 cm 30 x 30 cm 35 x 35 cm	20 30 40 60
	Estacas de concreto circular vasada	D = 20 cm D = 23 cm D = 26 cm D = 33 cm	25 30 40 60
Fundação por tubulões	Escavação manual	f = 70 cm f = 80 cm f = 90 cm f = 100 cm f = fuste	190 250 310 390

D = diâmetro f = fuste

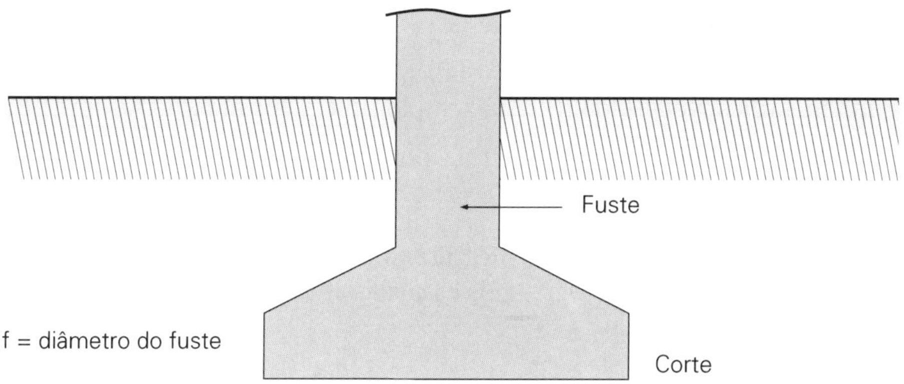

É a chamada fundação rasa, pois não usa o terreno profundo para se apoiar.

9.1 SAPATA

Quando o solo superficial é bom, o descarregamento dos pilares (ou das paredes) se faz diretamente nesse solo, usando-se um alargamento do pilar (que é a sapata).

O roteiro de construção é:

- abertura da vala,(*)
- lançamento de concreto magro (para proteger o concreto estrutural),
- montagem de formas, colocação de armaduras e concretagem,
- retirada das formas e limpeza geral,
- fechamento da vala (reaterro).

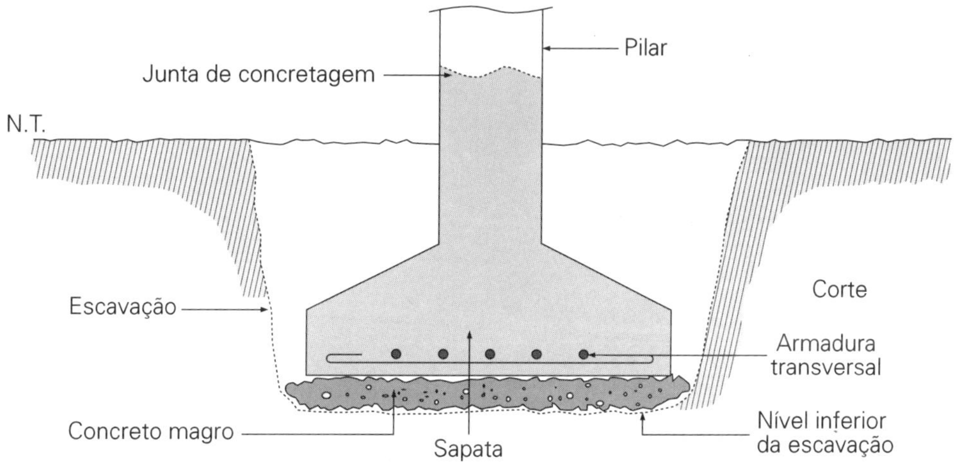

(*) Ver os cuidados de segurança da norma NR - 18 do Ministério do Trabalho.

Considerações sobre o uso de sapatas:

- é um dos tipos de fundação mais usadas, pelo seu baixo custo e por não exigir equipamento especializado. É um exemplo típico de fundação rasa.
- Sua vida útil pode ser comprometida por raízes, infiltrações de água (esgoto, águas pluviais) e formigueiros.
- A norma de concreto armado NBR 6118/2003 no seu item 22.4 fala em sapatas rígidas e sapatas flexíveis. Deixemos essa classificação para o interesse do projetista do concreto armado.
- Obras próximas que abaixem o lençol freático do terreno podem ocasionar recalques em sapatas apoiadas em solo arenoso (dão sinal logo) e solo argiloso (podem levar meses ou anos para dar sinal).

Quando a estrutura da casa utiliza as paredes de alvenaria como elemento estrutural resistente, as sapatas se prolongam ao longo dessas paredes surgindo as sapatas contínuas. As sapatas contínuas são menos sensíveis a recalques diferenciais do que as sapatas isoladas.

Um dos problemas das sapatas é a construção de prédios nos limites da propriedade do terreno. Não se podendo invadir os terrenos dos vizinhos têm que usar o artifício da sapata excêntrica.

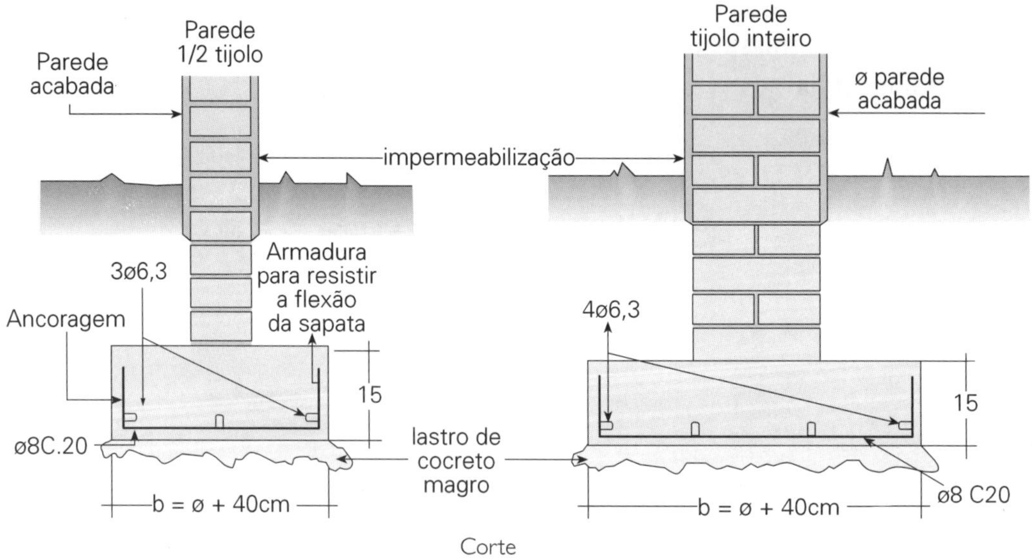

Corte

Entenda-se ø8C.20 como barra de aço de 8mm de diâmetro a cada 20 cm.

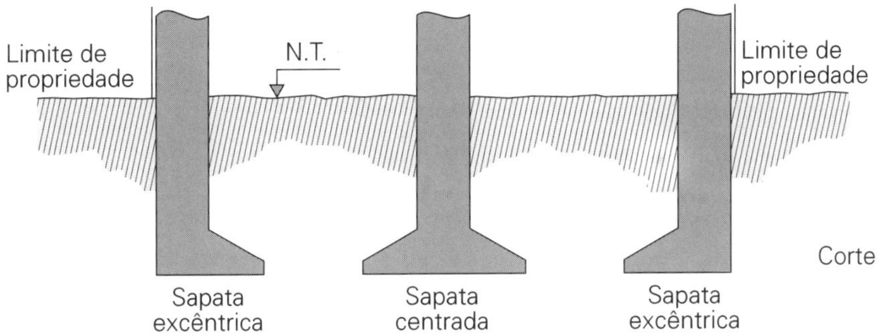

Obras próximas que abaixem o lençol freático podem ocasionar recalques em sapatas apoiadas em solos arenosos.

Foto da sapata a seguir;

Tudo está pronto só esperando o lançamento do concreto. Obra bem feita e cuidadosa (obra do Eng. J.R. Valentini).

Vejam o detalhe do cuidado, para que as armaduras verticais não saiam de sua posição na hora da concretagem (situação com grandes vibrações e movimentos) o construtor colocou duas tramelinhas junto às barras.

9.2 BROCAS

Quando o terreno superficial não é resistente, temos que usar as camadas mais profundas. Uma técnica é a broca, escavação manual a trado com diâmetro de 20 a 30 cm feita com trado, podendo chegar a 7 metros de profundidade. Sendo um tipo rudimentar de estacas, as brocas podem trabalhar:

- flutuando – quando o mais importante é o atrito lateral,
- de ponta – quando o mais importante é a reação da ponta. Veja:

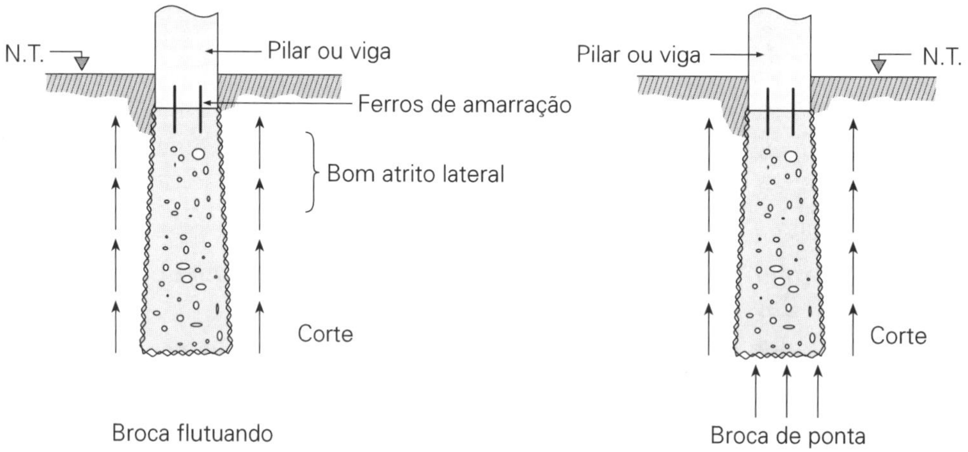

Considerações sobre o uso das brocas:

- não são aplicáveis onde os terrenos tem lençol de água muitos elevados,
- para grandes profundidades (> 7 m) é necessário tomar muito cuidado quanto a verticalidade do furo (prumo)
- a qualidade da estaca depende do atrito, "estaca × solo" e da qualidade do concreto. Cuidado com o lançamento do concreto de grandes alturas.

Trados para perfuração de brocas ou para sondagem expedida do terreno.

Agora o eng. Meirelles deseja fazer mais algumas considerações:

O comprimento usual das brocas é de 3 a 7m, uma vez que até 3,00, o terreno em principio deve ser muito fraco, pois caso contrário utilizaríamos sapatas diretas.

Brocas com mais de 7m não são aconselháveis pela dificuldade executiva, pois o esforço para escavação já começa a se tornar muito grande, sendo preferível, e não, adotar outros tipos de estacas (Strauss por exemplo). Esse limite, no entanto, depende muito do solo pois com solos superficiais muito fracos (SP = 2 a 3) a perfuração pode chegar até 8 a 9 m porém, acima deste valor, mesmo que se consiga executar o furo poderemos ter problemas com a sua verticalidade e a qualidade do concreto que é lançado no furo sem revestimento; portanto aconselha-se a limiar esse comprimento a 7,00 m.

Uma fórmula bastante antiga é aplicável a esse tipo de estacas é a fórmula de Dorr, em que temos:

$$R = \underbrace{\frac{\pi d^2}{4} \cdot \gamma \cdot tg^2\left(45 + \frac{\phi}{2}\right)}_{\text{efeito da ponta}} + \underbrace{\frac{\pi}{2} \cdot \gamma \cdot H^2 d \cdot k \cdot (1 + tg^2\phi)}_{\text{atrito lateral}}$$

Unidades:

R = capacidade carga da estaca (kg)

d = diâmetro da estaca (m)

γ = densidade do solo (kg/m^3)

H = altura da estaca (m)

ϕ = âng. de atrito interno do solo (não é ângulo atrito definido pela tangente dos círculos de Mohr)

k = coef. de atrito lateral

Para se aplicar à fórmula de Door recomendam-se os valores a seguir, (ver – Estrutura de Fundações – Marcello da Cunha Moraes – tabela II- Renato Sansoni – pág. 68 – 3ª edição).

Fórmula de Dorr para brocas

Tipos de solo	ϕ	(kg/m^2)	k
Turfa	5°	900	—
Terra	25°	1.700	0,15
Argila arenosa	20°	1.700	0,3
Areia seca	35°	1.700	0,4
Areia saturada	20°	2.000	0,4
Silte	30°	1.900	0,5

Vamos agora a exercícios numéricos para fixar conceitos, e nada como exercícios numéricos para iluminar a teoria. Vamos a eles.

Cálculo da capacidade de carga de uma broca escavada a trado, com diâmetro de 20 cm e comprimento de 5 m nas seguintes condições de solo:

1) Terra vegetal seca (péssima, diga-se de passagem)

$$R=\frac{\pi}{4}\cdot 0,20^2\cdot 1.700\cdot 5,0\cdot \mathrm{tg}^2\left(45+\frac{25}{2}\right)+\frac{\pi}{2}\cdot 1.700\cdot 5,0^2\cdot 0,20\cdot 0,15(1+\mathrm{tg}^2\cdot 25)=3.094\ \mathrm{kg}$$

2) Areia seca (excelente)

$$R=\frac{\pi}{4}\cdot 0,20^2\cdot 1.700\cdot 5,0\cdot \mathrm{tg}^2\left(45+\frac{35}{2}\right)+\frac{\pi}{2}\cdot 1.700\cdot 5,0^2\cdot 0,20\cdot 0,40(1+\mathrm{tg}^2\cdot 35)=8.944\ \mathrm{kg}$$

Notar o aumento da capacidade de carga em areia

As capacidades de carga das brocas calculadas são as máximas, sem o necessário coeficiente de segurança.

Recomenda-se para:

$k \leq 0,3$ coeficiente de segurança = 1

$k \geq 0,3$ coeficiente de segurança = 1,5

Logo:

$$R_{(admissível)} = \frac{3.094}{1,0} = 3,0 \text{ t}$$

$$R_{(admissível)} = \frac{8.944}{1,5} = 6 \text{ t}$$

que são os valores máximos e mínimos admissíveis de capacidade de carga para brocas com 5 m.

Em terrenos secos há possibilidade da execução de broca com equipamentos mecânicos, com profundidades que podem chegar a 20m, penetrando em terrenos com resistência de até 20 golpes no ensaio "SPT".

Tirado do livro "Estruturas de Fundações" autor Marcelo C. Moraes.

9.3 ESTACAS STRAUSS(*)

A velha broca utiliza escavação manual por trado. Sendo manual, seu diâmetro e profundidade são limitados pela capacidade do esforço humano. Quando se usa equipamento mecânico para escavar aumenta-se o diâmetro e profundidade surgindo a super broca, ou seja, a Estaca Strauss.

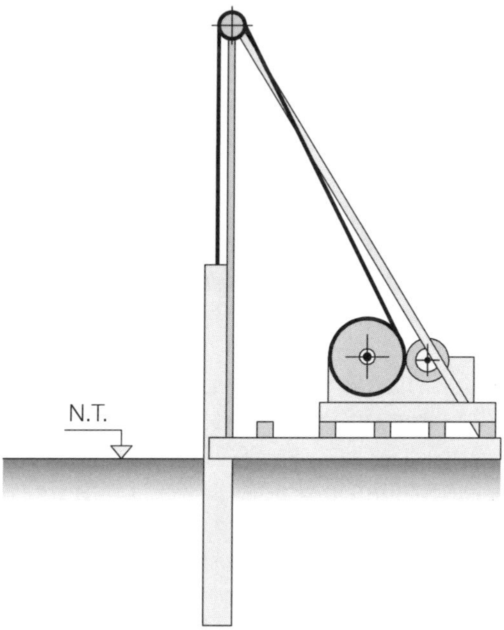

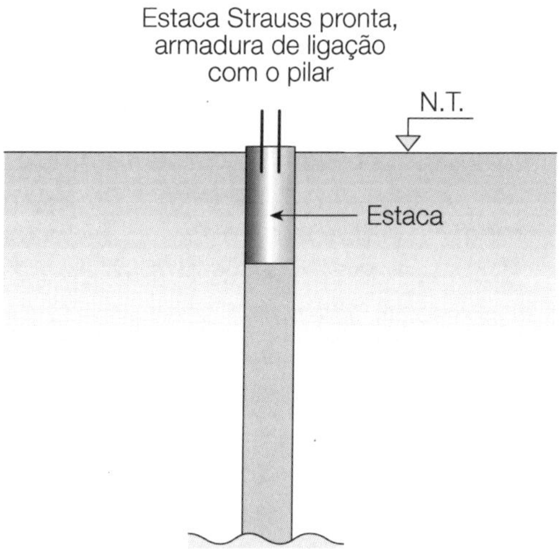

(*) Se folhearmos a revista Construção Mercado (Ed. Pini) veremos que ela é a estaca mais constante nos anúncios. Por aí se vê a grande utilização desse tipo de estaca no Brasil.

Rotina de execução

Crava-se um tubo retira-se o solo por lavagem do material com auxilio de um martelo. Atingida a cota desejada, inicia-se a concretagem, vertendo-se o concreto no furo e compactando-se o mesmo com auxílio de um martelo e simultaneamente saca-se o tubo de revestimento. Normalmente arma-se apenas a cabeça da estaca, na ligação com a viga baldrame ou pilar.

OBSERVAÇÕES

- *Para as cargas que se propõem, é o tipo de fundação das mais econômica.*
- *Características no quadro de fundação (nesta ficha)*
- *É executado por firmas especializadas com endereços listados em revistas de construções.*
- *A medição do serviço é pelo comprimento cravado (existe um comprimento mínimo e uma taxa de mobilização do equipamento).*
- *Sua boa qualidade depende do operador da cravação e concretagem.*
- *Em terreno abaixo do nível d'água é perigosa em terreno arenoso, risco de seccionamento da estaca por invasão do solo.*
- *Previsão de comprimento por fórmulas teóricas ou empíricas baseadas em sondagens a percussão. O cálculo do comprimento pode ser visto no caso Nº. 7 – parte 1.*
- *Sua execução é quase impraticável em terrenos muito moles (argilas orgânicas).*

O eng. Meirelles quer fazer mais algumas considerações sobre Estacas Strauss.

A estaca Strauss, pelo seu método executivo, recomenda-se seu uso em:

- *Solos coesivos com ou sem lençol freático alto. No caso de lençol freático alto usa-se cravação com tubo de revestimento pois este tubo vedará totalmente a entrada de água na escavação.*
- *Solos pouco coesivos e sem água. Usa-se então tubo de revestimento.*
- *Em solos altamente coesivos (argilosos) e sem água existe a possibilidade de executar a estaca sem revestimento.*

A execução de estacas Strauss com revestimento em solo pouco coesivo e com água, não é recomendável, pois ao se sacar o tubo de revestimento uma operação mal conduzida pode provocar o seccionamento da estaca (socagem do concreto x extração do tubo) e penetração do solo na estaca.
A utilização desta estaca é particularmente recomendável em terrenos que propiciam comprimentos variáveis de cravação (o uso da estaca pré-moldada redundaria em sobras excessivas).

O comprimento da estaca Strauss não deve ir além de 15m pois comprimentos muito grandes implicam:

- *Dificuldade de sacar tubo de revestimento,*
- *Desvio da verticalidade.*

Para cálculo da capacidade de carga podemos utilizar as fórmulas do Dorr dada no capítulo e brocas e a Decourt – Quaresma

9.4 ESTACA PRÉ-MOLDADA DE CONCRETO ARMADO

Este tipo de fundação, trata-se de pilar esbelto de concreto (3 a 12 m) cravado no solo com um bate estaca. Basicamente coloca-se a estaca de pé apoiada num tripé e com o auxilio de um peso, içado por motor com cabo de aço, o mesmo é deixado cair sobre a estaca e içados repetidas vezes. A estaca avança no interior do solo até atingir a cota de projeto e dar nega, se der.

Entende-se por nega o comprimento avançado pela estaca no solo pelo impacto de 10 pancadas do martelo. Este comprimento varia em torno de 15 a 25 mm.

As características encontram-se na introdução desta ficha.

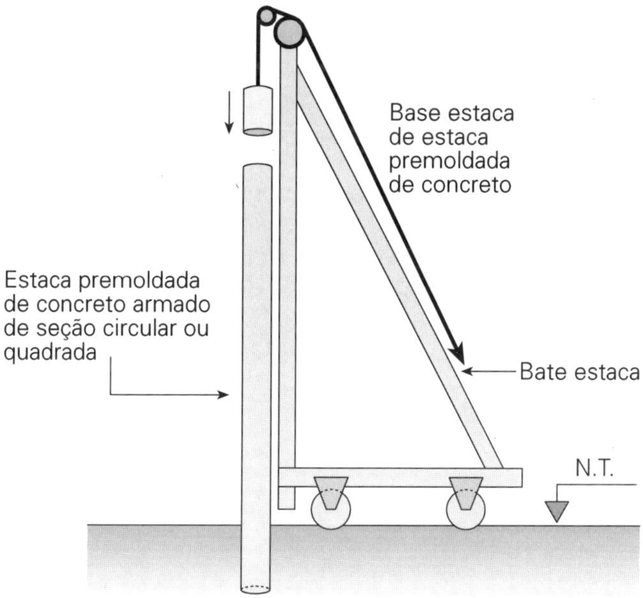

OBSERVAÇÕES

• É um tipo de fundação mais sofisticada que as estacas Strauss descritas anteriormente.
• Seu uso é amplamente difundido e é econômica para as cargas que resiste.

Para essas cargas apenas as sapatas são mais econômicas que as estacas de concreto armado. São utilizadas para qualquer tipo de solo com ou sem nível d'água elevado. Como exceção, a estaca de concreto não deve ser usada em terrenos com presença de matacões.
• Ao contrário das sapatas não é tão comprometida por solapamentos, por infiltrações de água superficial.
• Sua qualidade é comprovada mais facilmente que as demais, pelo acompanhamento da nega.
• Sua execução é feita por empresas especializadas que se encontram listadas em publicações do ramo (ver revistas de construção, páginas classificadas das listas telefônicas, sites da Internet, etc.).

Um dos problemas do uso da estaca pré-moldada de concreto armado é a dificuldade de se prever o seu comprimento exato. Por melhor que seja a previsão, sempre ocorre uma divergência entre o previsto e o realizado, pela heterogeneidade do solo. Regras gerais têm que acertar o comprimento exato, pela nega fazendo:
• encompridamentos da estaca pela colocação de mais trechos de estacas,
• quebrando (arrasando) pedaços que sobram.

Para se evitar a perda de estacas por previsão inadequada de comprimento é usual comprar-se um pequeno lote e acompanhar-se cuidadosamente o estaqueamento desse primeiro lote que fornecerá importantes subsídios para a compra e a cravação das outras estacas.

A previsão do comprimento das estacas pode ser feito:
• método empírico – o comprimento deve ser tal que a somatória dos SPT das camadas atravessadas de um valor maior ou igual a 80. Essa regra é mais adequada para solos arenosos.
• método semi-empírico – Fórmula do Eng. Decourt Quaresma apresentado neste trabalho no caso Nº. 7. Outra fórmula é a do Eng. Aoki – Veloso que pode ser encontrada no livro Exercícios de Fundações do Eng. Urbano Rodrigues Alonso. (Editora Edgard Blücher).

9.5 TUBULÃO A CÉU ABERTO

Escavado manualmente ou mecanicamente, são cilindros escavados no solo, sendo que no seu término executa-se(*) uma base conforme esquema a seguir:

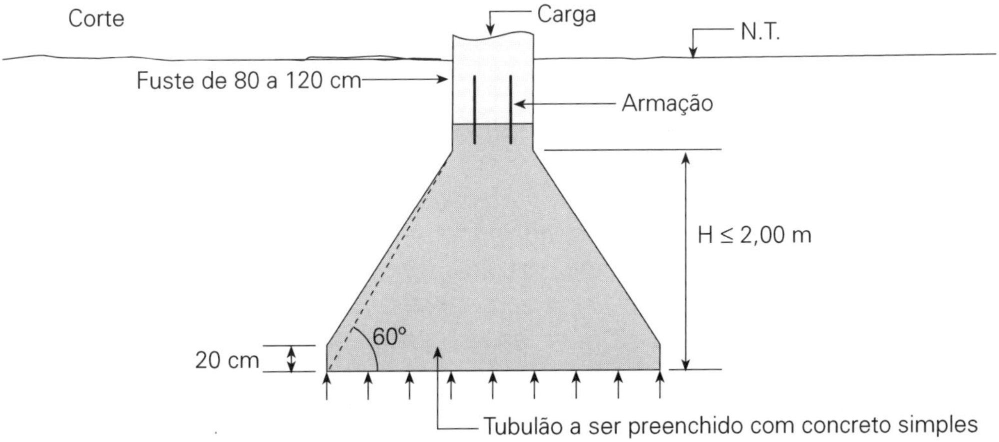

A base é escavada manualmente, após o que se processa a concretagem (fck ≥ 150 kg/cm^2), e é armada a cabeça do tubulão.

As capacidades de carga do fuste são calculadas com base numa taxa de 50 kg/cm^2 atuante no fuste. Para fck = 150 kg/cm^2 como:

$$\sigma_c = \frac{0,85 \cdot \text{fck}}{1,6 \cdot 1,4} \cong 50\text{kg/cm}^2$$

ou seja:

ϕ cm	A (cm^2)	Capacidade (t)
70	3.850	192
80	5.024	251
90	6.358	317
100	7.850	392

ø = diâmetro do fuste

A – área da base do tubulão

(*) Levar em conta os cuidados para a segurança do trabalho e a norma NR-18 do Ministério do Trabalho.

O dimensionamento da base é calculado como sapata não armada com ângulo de espraiamento de 30°.

A taxa do terreno é adotada com base nas sondagens e inspeção do terreno de assentamento de base. O critério é dividir o SPT da camada por 5 e acrescer a pressão de terra sobrejacente à cota de assentamento desde que garantida sua permanência. Resulta então: a tensão admissível (kg/cm^2).

NOTA SOBRE TUBULÕES A CÉU ABERTO

- *Para as cargas que ocorrem em prédios de média altura é um tipo de fundação das mais econômicas, concorrendo até com sapatas.*
- *Quanto à confiabilidade da solução, sua comprovação é de fácil constatação por inspeção do terreno escavado, ou seja, dá para conhecer o terreno que servirá de suporte, coisa que não acontece com a solução estaca pré-moldada.*
- *Pode ser executado com mão-de-obra não especializada, ou mecanicamente por empresas especializadas (trata-se de trado mecânico instado em caminhão ou em esteira). Ver lista de empresas em revistas do ramo.*
- *Sua execução dificilmente avança além do nível d'água (em argilas um pouco, em areias impossível). Em terrenos muito moles reveste-se a escavação com tubos de concreto ou formas de madeira com anéis de aço.*

Normalmente o volume de concreto é maior que o teórico por problema de execução ou desbarrancamento, que deverá ser removido.
Na ocorrência de desbarrancamento na concretagem o volume certamente será menor que o teórico e o tubulão deve ser impugnado, se não houver a remoção do solo desbarrancado.

Como controle de obra são importantes:
- *Verificação da verticalidade do furo. (< 1%)*
- *Verificação do concreto de preenchimento.*

NOTA

- *Quando o lençol freático é alto (por exemplo no caso de fundações de pontes) usou-se muito no passado tubulão com ar comprimido, que expulsa ou impede a entrada de água no tubulão. É uma solução com baixo nível de segurança do trabalho e portanto criticável.*

Tubulão com ar comprimido

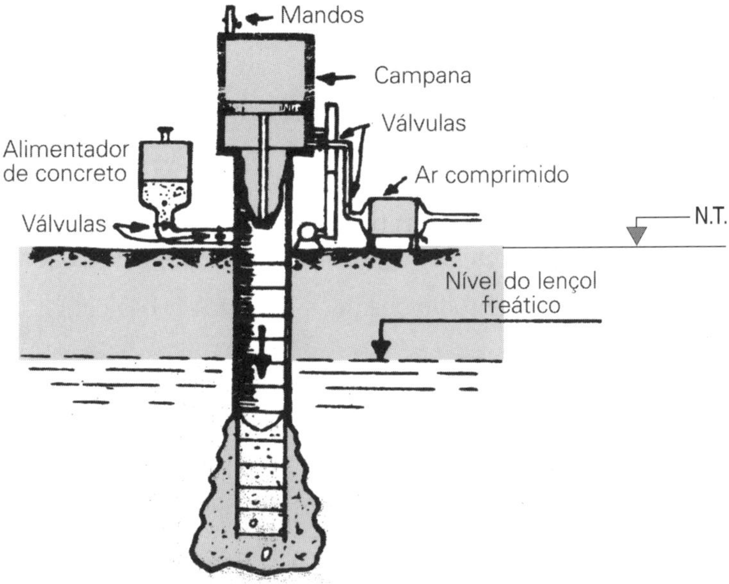

O tubulão deste tipo é usado quando o lençol freático atrapalha (é muito alto).

Terminados, os tubulões a céu aberto e o construido com dispositivo de ar comprimido, se a geologia é a mesma e se forem geometricamente iguais, os dois terão a mesma capacidade de carga.

Parte II

FICHA 10 — CUSTOS DAS FUNDAÇÕES

O custo de uma fundação representa cerca de 5 a 10% do custo total da obra, sendo portanto uma parcela representativa.

A economia nesta fase da obra é dentro do contexto da mesma, a que representa o maior risco, pois de sua segurança e estabilidade depende de todo o edifício, diferente portanto do risco causado pelos acabamentos e instalações prediais.

Um bom projeto de fundações deve considerar basicamente três aspectos:

- análise técnica,
- análise econômica,
- análise executiva.

A análise técnica seria a verificação da estabilidade da mesma, através de cálculos e as teorias que dispomos para projetos.

A análise econômica neste tipo de projeto é fundamental pois como veremos, num mesmo edifício em um determinado terreno, admite às vezes várias soluções tecnicamente viáveis e ai a solução escolhida será obviamente a mais econômica que nem sempre é visível claramente antes de uma análise orçamentária cuidadosa, sendo que esta análise é delicada, pois interferem:

- distância da obra de empresas especializadas (taxas de mobilização),
- disponibilidade de equipamentos na época da execução (especulação de preços),
- tamanho da obra (empresas especializadas, taxas de mobilização fixas independente do vulto da obra),
- soluções que implicam na economia global da obra, por exemplo, utilização de estacas de maior capacidade de carga ou tubulões, diminuindo desta forma o tamanho dos blocos de fundação.

Antes de se decidir por uma solução de fundação devem-se analisar soluções construtivas que levem em conta:

- unidade de solução de fundações. Assim se vamos usar sapatas num trecho do prédio devemos usar sempre que possíveis sapatas ao longo de todo o prédio.
- Analisar as conseqüências das obras de fundações (por exemplo: escavações de sapatas e vibração de cravação de estacas) nas obras das imediações.

Parte II

FICHA 11 — PROVAS DE CARGA

A Engenharia de Construção Civil possui várias normas relativas ao assunto prova de carga relacionadas com edificações.

A prova de carga é na sua essência um teste de carregamento progressivo com acompanhamento técnico pelo interessado de maneira a ver como a estrutura (solo, fundações e superestrutura) respondem a esses esforços.

Destaque-se preliminarmente que menos de 1% das construções do país fazem prova de carga face ao seu custo e dificuldade prática de conseguir reproduzir na obra as cargas que existirão no futuro. Talvez só para pontes a prova de carga seja bastante usada.

Listemos as normas brasileiras relativas à prova de carga:

- NBR 6489 - Prova de carga direta em terreno de fundação

- NBR 9607- Prova de carga em estruturas de concreto armado e protendido

- NBR 12.131 - Estacas - Prova de carga em estacas

- NBR 13.208 - Ensaio de carregamento dinâmico

- NBR 6118/2003 - Projeto de estruturas de concreto

com os assuntos: ensaio de aceitação e ensaio de resistência

Um dos mais famosos casos de prova de cargas para aceitação de fundações aconteceu em S.Paulo nos anos 30 relativo ao Prédio Martinelli o mais famoso arranha céu da época e por muitos anos. As fundações (diretas) foram concebidas e executadas para atender a um prédio de 14 andares. Durante a construção o seu proprietário decidiu aumentar o número de andares e ai a prefeitura não aceitou e exigiu prova de carga para demonstrar que as fundações aguentariam. A prova de carga foi efetuada e deu como resposta que os andares adicionais podiam ser acrescentados.

O imponente prédio ainda existe e continua belo e garboso no centro da cidade, junto ao Vale do Rio Anhangabaú e situado na Rua Libero Badaró.

Estando em S.Paulo não deixe de visitá-lo. Quase tudo usado na construção era importado da Europa como cimento, aço, material para instalações hidráulicas e elétricas.

Uma nota triste sobre prova de carga.

Ao realizar a prova de carga dos enormes tubulões da Ponte Rio Niteroi houve uma falha de segurança e a estrutura foi a colapso, causando a morte a vários profissionais.

A prova de carga não deixa de ser uma concentradora de cargas e exige cuidados de segurança enormes.

Parte II

FICHA 12 — CRÔNICAS SOBRE FUNDAÇÕES REVOLVENDO CONCEITOS

As crônicas a seguir, de autoria de Manoel Henrique Campos Botelho, tem um único objetivo: explicar de forma amena alguns assuntos de engenharia de fundações. As vezes um caminho didático alternativo como o uso de crônicas, permite iluminar e até revolver, com maior eficácia, um assunto que uma explicação tradicional, rotineiramente e massacrantemente tradicional não o faz.

1) A Bíblia e as fundações.

Com atitude de respeito, relembremos o que a Bíblia nos ensina sobre fundações.

Lucas 6. 48 e 6. 49

"É semelhante a um homem que, edificando uma casa, cavou, abriu profunda vala, e pôs o alicerce sobre rocha; e vindo a enchente, o rio bateu com violência contra aquela casa e não a pode abalar, por ter sido bem construída.

Mas o que houve e não prática, é semelhante a um homem que edificou uma casa sobre o chão, sem alicerces, contra a qual a torrente bateu fortemente e logo desabou: a ruína daquela casa foi grande."*

Lucas 14:29 "Para não suceder que, tendo lançado os alicerces e não a podendo acabar, todos os que a virem zombem dele.

Atos 16:26 "De repente, sobreveio tamanho terremoto, que sacudiu os alicerces da prisão; abriram-se todas as portas, e soltaram-se as cadeias de todos."

II Crônicas 3:3 "Foram estas as medidas dos alicerces que Salomão lançou para edificar a Casa de Deus: o comprimento em côvados, segundo o primitivo padrão, sessenta côvados e a largura vinte."

Esdras 3:10 "Quando os edificadores lançaram os alicerces do templo do SENHOR, apresentaram-se os sacerdotes, paramentados e com trombetas e os levitas, filhos de Asafe, com címbalos para louvarem o SENHOR, segundo as determinações de Davi, rei de Israel."

---

* NOTA: Conclusão: Faça alicerces em profundidade com alto SPT.

Esdras 3:11 "Cantavam alternadamente louvando e rendendo graças ao SENHOR, com estas palavras: Ele é bom, porque a sua misericórdia dura para sempre sobre Israel. E todo o povo jubilou com altas vozes, louvando ao SENHOR por se terem lançado os alicerces da sua casa."

Esdras 3:12 "Porém muitos dos sacerdotes e levitas e cabeças de famílias já idosos, que viram a primeira casa, choraram em alta voz quando à sua vista foram lançados os alicerces desta casa, muitos no entanto levantaram as vozes com gritos de alegria.

2) Falso relatório de sondagem.

Eu então era um jovem engenheiro e recebi um relatório de sondagem de um terreno realizado por uma firma de sondagem desconhecida. Nesse terreno íamos construir uma fábrica. Levei a sondagem a meu chefe (Eng. Max Lothar Hess) pois. sendo um jovem profissional, eu apenas engatinhava no mundo das fundações. Meu chefe olhou, fez cara feia e declarou para meu total espanto:

"*essa sondagem não foi feita e os resultados foram chutados por alguém que nem malícia tecnológica tem. Não sabe nem enganar.*"

Fiquei surpreso pois meu chefe não acompanhara a execução dessas sondagens. Como pode alguém só pelos resultados dizer o que ele disse? Tomei a liberdade de cutucá-lo e o homem era bravo e ao mesmo tempo excelente mestre. A resposta foi:

" *Meu jovem discípulo, olhe com atenção e não caia na falha contada pelo poeta:*

– você que passa e não olha

e quando olha não vê."

Note que o solo argiloso começa na precisa cota 8,00 m, o solo argilo-arenoso começa na precisa cota 12,00 m e o solo rochoso começa exatamente na cota 14,00 m. Como pode acontecer isso, essa precisão altimétrica na geologia ?

Desconfio totalmente dessa sondagem. Vamos contratar uma outra firma de sondagem e você meu caro engenheiro vai acompanhar o dia a dia da turma de sondagem.

Como eu era jovem profissional perguntei a um colega mais velho se era ético um engenheiro formado como eu e com CREA, ficar fiscalizando obrinhas como uma sondagem e até tomando chuva.... Foi para isso que eu estudei na Cadeira de Cálculo Integral e Diferencial até integral dupla ?

O colega mais velho respondeu:

- a engenharia é uma ciência experimental e você ganhará muito e a futura obra também, em cuidar de detalhes e trabalhos essencialmente experimentais como acompanhar, fiscalizando, sondagens, mesmo que isso suje seus sapatos e você tome chuva .

Eu ouvi, aceitei e acompanhei as sondagens.

Meu chefe, o Eng. Max e o meu colega estavam certos, rigorosamente certos e agora conto isso aos meus jovens leitores.

3) O teste do Mestre T.

O famoso mestre de engenharia de solos, Prof T., precisava escolher um aluno de um curso de especialização para iniciar a saga de ser um seu assistente. Outros assistentes tinham ficado famosos e saíram pelo mundo a dar consultoria em grandes obras de barragens de terra e fundações. Tornaram-se aves soltas e independentes nos seus vôos solitários, mas bem maduros. Chegava a hora de reiniciar o processo de evolução e substituição. Formar novos profissionais. Três jovens e altamente capacitados engenheiros foram selecionados para um teste final que resultaria na escolha de um. Os três ansiosos candidatos ficaram aguardando na antesala do laboratório de solos, onde o mestre T. colocara num prato, uma amostra de um solo.

O primeiro candidato (ordem alfabética de chamada) foi convidado a entrar, fechar a porta e responder a uma pergunta aparentemente simples do mestre T.:

- *que tipo de solo está neste prato ?*

O candidato olhou, deu a volta na mesa para olhar com outro ângulo (detalhes são importantes) e declarou :

"Com base na informação disponível acho que o solo é sensivelmente argilo arenoso. A existência de areia é indiscutível, pois batendo a luz do sol em pequenos pedaços de areia, eles refletem a luz do sol."

O mestre T. agradeceu e dispensou o candidato nº.1 que saiu e chamou o candidato nº.2:

A mesma pergunta foi feita e a resposta do candidato nº.2 foi depois de olhar bem e chegando bem perto, quase para auscultar algum cheiro:

- *Solo tendendo a ser argilo arenoso ou podendo ser areno argiloso.*

O candidato nº.2 foi dispensado sem comentários e foi chamado o candidato nº.3.

Este, elegantemente vestido como os outros dois, arregaçou as mangas de sua fina camisa de cambraia inglesa e começou a mexer, sentir, sujar as mãos(*) e até a brincar com o solo.

Antes do candidato nº.3 dizer sua opinião sobre o solo, o Mestre T. avisou:

- *eu já escolhi o meu novo assistente de Mecânica dos Solos e Fundações. Quem não põe a mão em um solo não pode interpretar sua origem e só um dos três candidatos fez isso.*

4) A cidade das brocas.

O nome da cidade eu não me lembro, mas do caso eu me lembro.

Numa pequena média cidade (uns 30.000 hab.) do interior do Estado de S.Paulo havia uma tradição. Todas as casas, supermercado e até as pequenas obras públi-

---

(*) O que confirma que algo de argiloso o solo devia ser, pois areia não suja as mãos.

cas municipais usavam brocas como solução de fundações. Qual a razão? Há uns dez anos atrás, um engenheiro usou fundações diretas com sapatas na construção de edifício térreo municipal e a obra foi em cima de um velho lixão, abandonado e esquecido. Construir sem sondagens era a regra, mas agora o fato resultara escandaloso pois o prédio ficou com muitas fissuras e com isso as fofocas da cidade julgaram e decidiram:

- *nesta cidade, todas as obras tem que ter brocas.*

Assim era a verdade local.

Visitei essa cidade e fui fazer uma inspeção numa casa térrea de alto padrão sendo construída em cima de um morro, em terreno sem nenhum aterro. Os empregados da obra estavam molhados de suor para fazer a escavação inicial das brocas. Conforme a profundidade aumentasse tudo indicava que a dificuldade aumentasse. Era seguramente um terreno argiloso duríssimo, que quase que impedia a escavação das brocas usando trados.

Era visível que uma fundação direta com simples alicerces era, não só a solução mais simples e econômica, mas talvez a única solução possível pois com trado manual não se conseguia escavar quase nada. Sugeri então ao colega engenheiro da cidade o uso de fundação direta e este suspirou e falou:

- *eu sei que aqui a fundação direta é a solução correta mas se eu adotar essas solução até o padre na missa de domingo das 11h da manhã é capaz de criticar e ai eu não poderei mais trabalhar na cidade.*

Fiz então uma pergunta cruel:

- *e se você numa outra obra encontrar um solo rochoso, com aquele basalto integro, brilhante e ultra resistente, como você faria ?*

A resposta algo irônica foi :

- *Contrato uma firma de S.Paulo de sondagem rotativa com broca de diamante , faço os furos das brocas no basalto, faço depois um concretinho virado à mão e lanço no buraco no basalto. O mercado assim o exige...*

Caro leitor. Espero que você nunca encontre essa situação e nem faça o que esse engenheiro, de forma crítica disse que faria.

Final feliz. Encontrei esse engenheiro numa feira de construção. Ele não trabalha mais na cidade e nunca encontrou um terreno tão ruim (!!!!!!!!!!!!!!!) para fundação como rocha basáltica integra e brilhante....

Nota - Como é totalmente compreensível, não é possível usar o conceito de SPT para rochas pois esse conceito está ligado à penetração e em rocha, não há, com o equipamento de penetração do SPT, condições de penetrar nem milímetros... Mas se pudesse, e em termos irônicos, o SPT de rocha basáltica, integra, brilhante seria algo como SPT >>>>>>.1.000.

Rocha, exige para sua perfuração, sondagem rotativa com diamante, mas no caso de fundações estas devem ser assentadas sobre a rocha sem escavação

5) Usando a marreta do Seu Luizinho para sondar um terreno.

Recebi de um leitor a carta que se segue. Pela irreverência tecnológica prefiro nem dar o nome do missivista.

Sou João, um engenheiro civil então recém formado. Fui fazer obras pequenas e médias por este pais. Algo estranho aconteceu quando fui trabalhar com o mestre de obras, Seu Luizinho, paraibano dos bons. Contemos a história. Sempre mandei fazer sondagens em minhas obras ou melhor em cerca de 70% delas e em geral tive sorte de poder escolher fundações diretas com alicerces ou com sapatas de concreto armado. Numa delas, um grande supermercado. Seu Luizinho antes de começar as obras fazia uma espécie de ritual religioso. Ele tinha uma grande mala preta da qual tirava com o maior cuidado, pedaços de cano de ferro galvanizado de cor preta com comprimentos, cada um de cerca de um metro, tubos já rosqueados nas duas extremidades. Cada cano de ferro era de 11/2", tipo pesado. Alem disso, a misteriosa mala trazia uma marreta de aço fundido do tipo de 1kg de massa. Em todo o terreno o Seu Luizinho sem pedir autorização a mim, engenheiro formado, cravava com a marreta os seus tubos. Seu Luizinho tinha também luvas de acoplamento dos vários trechos de tubo de 11/2". Um detalhe : a marreta era velha, bem velha, mostrando os sinais de muito, muito uso.

Perguntei ao Seu Luizinho por que ele fazia uso de tão não convencional equipamento e ele só sorria. Procurei em normas a recomendação desse material e nada achei e para mim o que não está nas normas, não existe.

Menosprezei o ato do Seu Luizinho fazer sua cerimônia litúrgica de auscultação não convencional do solo quando numa obra de fundação por sapatas (com sondagens) Seu Luizinho veio falar comigo, bem assustado. Disse ele:

"Meu equipamento captou um solo ruim debaixo de uma das sapatas. Vamos ter que escavar e trocar o solo nesse ponto."

Suas sondagens SPT não previram isso, terminou ele num tom de crítica a mim , engenheiro formado e com desejo de fazer mestrado e quem sabe um MBA. Um profissional formado pela vida querendo dar lições a um doutor, é o fim do mundo.

A que ponto chegamos...Mas fui visitar o local e o Seu Luizinho usando sua geringonça mostrou que logo depois de dois metros de profundidade o terreno era muito ruim. Escavamos e realmente descobrimos uma lente de solo turfoso. Trocamos, é lógico, esse solo e o Seu Luizinho entrou dentro da vala com dois metros de profundidade e triunfantemente usou seu equipamento que, nada de mal agora acusou. Apoiado quem diria, também nas informações do equipamento do Seu Luizinho, fizemos as fundações, o prédio foi terminado e está sendo usado, sem problemas.

Conversei anos depois com um especialista de fundações e professor dessa matéria sobre o fato e ele esclareceu-me e conto o que ele me contou:

" Nós do mundo da tecnologia estamos a procura de uma verdade econômica. Nós não estamos a procura de uma verdade filosófica nem a procura de outros tipos de verdades. Quem procura essas outras verdades são os físicos e os filósofos."

Podemos e devemos usar métodos simples, sabendo tirar partido do que esses métodos nos dizem. Métodos simples regra geral nos orientam na procura da não *aceitação* e não na procura da *aceitação*. Todos os livros e professores ensinam, como se verdade fosse, que devemos antes de fazer ou opinar sobre uma obra vistoriar essa obra . Haverá algo mais rústico do que uma inspeção visual? Dá para acreditar nas conclusões de uma inspeção visual? Dá, se os resultados forem negativos. Se eu vou comprar um prédio de escritórios para o meu cliente e esse prédio está com trincas, flechas enormes e armadura exposta, posso ou não concluir que o prédio é uma porcaria?????. Claro que posso. O que não posso é com uma inspeção visual concluir que o prédio é bom e perfeito. O mesmo vale para a famosa esclerometria, técnica de uso de um revolver à mola, atirando contra partes de estrutura de concreto. Se os resultados forem bons com a esclerometria permanece a dúvida mas se os resultados forem péssimos o prédio tem estrutura seguramente péssima.

Essa é a explicação do dispositivo do Seu Luizinho, por que não chamá-lo de "*LFE - Louis Fast Equipment*". O teste avisa o que é ruim mas não pode dar informações do que é bom.

Aprendi muito com Seu Luizinho e seu equipamento e cheguei a pensar em ter um equipamento para mim e então pedi ao Seu Luizinho (ou agora seria Mr. Louis ?) as especificações do seu equipamento e que ele forneceu-me são:

- tubo de ferro galvanizado 11/2" pintado com cor preta. Comprimento máximo de cada trecho do tubo da ordem de 1m

- marreta velha, sextavada de um quilo de massa e com mais de 15 anos de uso intenso.

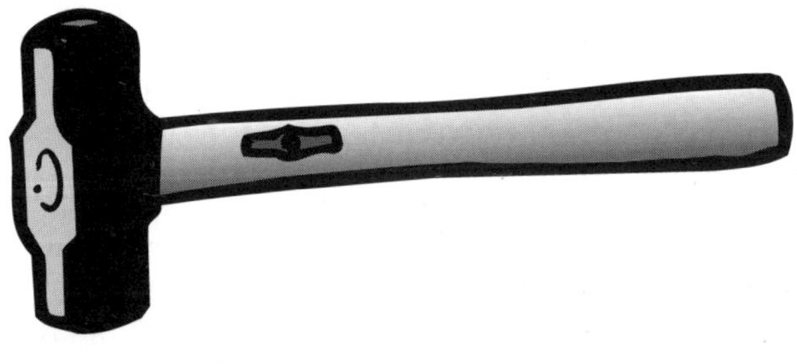

Perguntei finalmente e humildemente ao Seu Luizinho, o autor da norma, digo da especificação do "LFE" .

- Por que a marreta sextavada de um quilo tem que ser velha e no seu caso o senhor usa uma muito sofrida e gasta?

Seu Luizinho pensou e respondeu:

- Aprendi com experientes engenheiros. A marreta tem que ser velha e velha mesmo, e muito usada porque:

"em Mecânica dos Solos, experiência vale muito..."

NOTA

• *As crônicas apresentadas tem o objetivo de mostrar as realidades tecnológicas do dia a dia num tom crítico, hirônico e multifacetar. Aliás como diz um famoso livro.*
"Na casa do meu pai, há várias moradas..."

Parte II

FICHA 13 — ÍNDICE REMISSIVO

Parte II

FICHA 14 — BIBLIOGRAFIA E SITES DE ENTIDADES DO SETOR

A — Bibliografia

1. "Fundações em Concreto Armado". Brian J .Bell. Tradução Alexandre Verski. Editora Guanabara Dois. Travessa. do Ouvidor. 11 20.040 - Rio de Janeiro - RJ.
2. "Estruturas de Fundações". Marcelo da Cunha Moraes. Editora Mc Graw Hill, Rua Tabapuã, 1.105, 04533 - São Paulo - SP.
3. "Exercícios de Fundações". Urbano Rodrigues Alonzo. Editora Edgard Blücher,
4. "Mecânica dos Solos e suas Aplicações". Homero Pinto Caputo (dois volumes). Ao Livro Técnico, Caixa Postal - 3655, 20.001 - Rio de Janeiro - RJ.
5. "Fundações de Edifícios". Milton Vargas. 1982. Editor – Grêmio Politécnico, Escola Politécnica da Universidade de São Paulo
6. "Mecânica dos solos na prática de Engenharia". Karl Terzaghi e Ralph B. Peck. Ao Livro Técnico
7. "Mecânica dos Solos". Victor F.B. Mello e Alberto H. Teixeira. Escola de Engenharia de São Carlos
8. "Curso de Mecânica dos Solos e Fundações". A . J. da Costa Nunes. (cerca dos anos 47).
9. "Como calcular (rapidamente) a capacidade de carga limite de uma Estaca". Luciano Decourt e Arthur Rodrigues Quaresma. Revista Construção São Paulo Nº. 1800 – 09.08.82.
10. "Um estaqueamento inesquecível". Manoel Henrique Campos Botelho
11. "Manual dos Primeiros socorros do Engenheiro e do Arquiteto". Manoel Henrique Campos Botelho. 1983. Capitulos B-3, B-4, B-5, B-6. Editora Edgard Blücher,
12. "Manual de Estruturas - Fundação " Associação Brasileira de Cimento Portland.

Em termos de seguimento de estudos recomenda-se a aquisição e leitura da Coleção de livros do Eng. Urbano Rodrigues Alonso (Ed. Edgard Blücher) e composta hoje dos livros:

- Exercícios de fundações.
- Dimensionamento de fundações profundas.
- Previsão e controle de fundações.

Sites de interesse do setor

ABNT - Assoc.Bras. Normas Técnicas - www.abnt.org.br

IPT - Instituto de Pesquisas Tecnológicas - www.ipt.br

ABEG - Assoc Brasileira de Empresas de Consultoria em Engenharia de Fundações - www.abeg.com.br

ABEF - Assoc. Brasileira de Empresas de Engenharia de Fundações - www.abef.org.br

ABMS - Assoc. Bras. Mecânica dos Solos - www.abms.com.br

ABCP - Assoc. Brasileira de Cimento Portland - www.abcp.org.br

IE - Instituto de Engenharia (SP) - www.institutodeengenharia.org.br

Editora Edgard Blücher - www.blucher.com.br

Este livro termina aqui. Estude e siga as normas e outros livros de fundações. Aproveite a execução de obras de pequeno ou médio porte para retirar melhor proveito dessa experiência. As obras de pequeno porte ensinam muito. Explore ao máximo sua participação. Faça como dizem os atores de teatro:

"Não existem pequenos papéis. O que existem são pequenos atores.

Lute para ser um grande ator na engenharia de fundações."

Parte III — Adendo

1- Extratos da NR 18 - Condições e Meio Ambiente de Trabalho na Indústria da Construção

Norma do Ministério do Trabalho

Partes que mais interessam às obras de fundações.

"18.6. Escavações, fundações e desmonte de rochas.

18.6.1. A área de trabalho deve ser previamente limpa, devendo ser retirados ou escorados solidamente árvores, rochas, equipamentos, materiais e objetos de qualquer natureza, quando houver risco de comprometimento de sua estabilidade durante a execução de serviços

18.6.2. Muros, edificações vizinhas e todas as estruturas que possam ser afetadas pela escavação devem ser escorados

18.6.3. Os serviços de escavação, fundação e desmonte de rochas devem ter responsável técnico legalmente habilitado.

18.6.4. Quando existir cabo subterrâneo de energia elétrica nas proximidades das escavações, as mesas só poderão ser iniciadas quando o cabo estiver desligado.

18.6.4.1. Na impossibilidade de desligar o cabo, devem ser tomadas medidas especiais junto à concessionária.

18.6.5. Os taludes instáveis das escavações com profundidade superior a 1,25m (um metro e vinte e cinco centímetros) devem ter sua estabilidade garantida por meio de estruturas dimensionadas para este fim.

18.6.6. Para elaboração do projeto e execução das escavações a céu aberto, serão observadas as condições exigidas na NBR 9061/85 - Segurança de Escavação a Céu Aberto da ABNT.

18.6.7. As escavações com mais de 1,25m (um metro e vinte e cinco centímetros) de profundidade devem dispor de escadas ou rampas, colocadas próximas aos postos de trabalho, a fim de permitir, em caso de emergência, a saída rápida dos trabalhadores, independentemente do previsto no subitem 18.6.5.

18.6.8. Os materiais retirados da escavação devem ser depositados a uma distância superior à metade da profundidade, medida a partir da borda do talude.

18.6.9. Os taludes com altura superior a 1,75m (um metro e setenta e cinco centímetros) devem ter estabilidade garantida.

18.6.10. Quando houver possibilidade de infiltração ou vazamento de gás, o local deve ser devidamente ventilado e monitorado.

18.6.10.1. O monitoramento deve ser efetivado enquanto o trabalho estiver sendo realizado para, em caso de vazamento, ser acionado o sistema de alarme sonoro e visual.

18.6.11. As escavações realizadas em vias públicas ou canteiros de obras devem ter sinalização de advertência, inclusive noturna, e barreira de isolamento em todo o seu perímetro.

18.6.12. Os acessos de trabalhadores, veículos e equipamentos às áreas de escavação devem ter sinalização de advertência permanente.

18.6.13. É proibido o acesso de pessoas não-autorizadas às áreas de escavação e cravação de estacas.

18.6.14. O operador de bate-estacas deve ser qualificado e ter sua equipe treinada.

18.6.15. Os cabos de sustentação do pilão devem ter comprimento para que haja, em qualquer posição de trabalho, um mínimo de 6 (seis) voltas sobre o tambor.

18.6.16. Na execução de escavações e fundações sob ar comprimido, deve ser obedecido o disposto no Anexo no 6 da NR 15 - Atividades e Operações insalubres.

18.6.17. Na operação de desmonte de rocha a fogo, fogacho ou mista, deve haver um blaster, responsável pelo armazenamento, preparação das cargas, carregamento das minas, ordem de fogo, detonação e retirada das que não explodiram, destinação adequada das sobras de explosivos e pelos dispositivos elétricos necessários às detonações.

18.6.18. A área de fogo deve ser protegida contra projeção de partículas, quando expuser a risco trabalhadores e terceiros.

18.6.19. Nas detonações é obrigatória a existência de alarme sonoro.

18.6.20. Na execução de tubulões a céu aberto, aplicam-se as disposições constantes no item 18.20 - Locais confinados.

18.6.21. Na execução de tubulões a céu aberto, a exigência de escoramento (encamisamento) fica a critério do engenheiro especializado em fundações ou solo, considerados os requisitos de segurança.

18.6.22. O equipamento de descida e içamento de trabalhadores e materiais utilizado na execução de tubulões a céu aberto deve ser dotado de sistema de segurança com travamento.

18.6.23. A escavação de tubulões a céu aberto, alargamento ou abertura manual de base e execução de taludes, deve ser precedida de sondagem ou de estudo geotécnico local.

18.6.23.1. Em caso específico de tubulões a céu aberto e abertura de base, o estudo geotécnico será obrigatório para profundidade superior a 3 (três) metros.

18.36.3. Quanto à escavação, fundação e desmonte de rochas:

a) antes de ser iniciada uma obra de escavação ou de fundação, o responsável deve procurar se informar a respeito da existência de galerias, canalizações e cabos, na área onde serão realizados os trabalhos, bem como estudar o risco de impregnação do subsolo por emanações ou produtos nocivos;

b) os escoramentos devem ser inspecionados diariamente;

c) quando for necessário rebaixar o lençol d'água (freático), os serviços devem ser executados por pessoas ou empresas qualificadas;

d) cargas e sobrecargas ocasionais, bem como possíveis vibrações, devem ser levadas em consideração para determinar a inclinação das paredes do talude, a construção do escoramento e o cálculo dos elementos necessários;

e) a localização das tubulações deve ter sinalização adequada;

f) as escavações devem ser realizadas por pessoal qualificado, que orientará os operários, quando se aproximarem das tubulações até a distância mínima de 1,50m (um metro e cinqüenta centímetros);

g) o tráfego próximo às escavações deve ser desviado e, na sua impossibilidade, reduzida a velocidade dos veículos;

h) devem ser construídas passarelas de largura mínima de 0,60m (sessenta centímetros), protegidas por guarda-corpos, quando for necessário o trânsito sobre a escavação;

i) quando o bate-estacas não estiver em operação, o pilão deve permanecer em repouso sobre o solo ou no fim da guia de seu curso;

j) para pilões a vapor, devem ser dispensados cuidados especiais às mangueiras e conexões, devendo o controle de manobras das válvulas estar sempre ao alcance do operador;

k) para trabalhar nas proximidades da rede elétrica, a altura e/ou distância dos bate-estacas deve atender à distância mínima exigida pela concessionária;

l) para a proteção contra a projeção de pedras, deve ser coberto todo o setor (área entre as minas, carregadas) com malha de ferro de 1/4" a 3/16", de 0,15 m (quinze centímetros) e pontuada de solda, devendo ser arrumados sobre a malha pneus para formar uma camada amortecedora."

NOTA SOBRE CUIDADOS NA CONSTRUÇÃO CIVIL

Uma firma de estaqueamento sempre que trabalhava em áreas públicas tomava o cuidado de previamente localizar a passagem de cabos elétricos subterrâneos. Um dia ao trabalhar num terreno particular central de S.Paulo e ao cravar estacas metálicas aconteceu terrível acidente que matou o operador de bate estacas. A estaca metálica em cravação em terreno particular no centro da cidade encontrou um cabo de alta tensão elétrica subterrâneo. Conclusão: a verificação de sistemas subterrâneos tem que ser feita com enorme cuidado e em áreas centrais de antiga ocupação mesmo em terrenos particulares.

NOTA

- *Consultar também a Portaria 3.214 do Ministério do Trabalho.*

Dialogando com os autores

Os autores tem o maior interesse em saber a opinião dos leitores sobre este livro. Favor endereçar suas opiniões ao autor Eng. Manoel Henrique Campos Botelho.

email: manoelbotelho@terra.com.br

Caixa Postal 12.966 CEP 04009-970 São Paulo, SP.

que repassará aos outros autores.

Opinião do leitor sobre o livro *"Quatro edifícios, cinco locais de implantação, vinte soluções de fundações"*.

1 - O que você achou do livro?

( ) Muito elementar ( ) Razoável ( ) Bom ( ) Muito bom

Explique, por favor, sua opinião. ______________________________

____

____

2 - Que outros temas correlatos deveriam ser abordados dentro da filosofia de livros do tipo ABC (introdutório):

____

____

____

3 - Agora por favor dê os seus dados pessoais. Eles são importantes para nosso cadastro:

Nome: ______________________________________

Título prof.:_______________ano de formatura_______________

Endereço:___________________________________

CEP:____________ cidade _______________________UF__________

email _________________________telefone: (_______________)

data: ____________/____________/____________

Aos leitores que solicitarem, o autor MHC Botelho enviará via Internet seu livreto "Um estaqueamento inesquecível" onde conta a história das fundações de vários prédios de uma indústria e uma prova de carga que deu resultados ruins, mas uma história com final feliz. Não deixe de ler.

Caro jovem leitor

Este livro termina aqui, estude e siga as normas e estude em outros livros de aprofundamento.

Bons projetos e boas obras.

Os autores

LIVROS JÁ PUBLICADOS

Concreto armado eu te amo — Volume 1

Livro inovador na comunicação tecnológica pela apresentação simples e direta do assunto concreto armado, destinado a estudantes de engenharia civil, tecnólogos e jovens profissionais.
Ensina a calcular de casas e até um prédio de quatro pavimentos, ou seja mais de 90% das edificações a construir no país. São abordados lajes maciças, vigas, pilares , escadas e sapatas. Contem um anexo explicando as partes principais da nova norma de concreto armado (NBR 6118/2003).
Já está na sua terceira edição, ampliada.
O livro foi escrito em parceria com o Eng. Osvaldemar Marchetti, especialista em engenharia estrutural.

ISBN: 85-212-0307-1 • Páginas: 440 • Formato: 17 × 24 cm •
Ano de publicação: 2002 • Peso: 0,745 kg

Concreto armado eu te amo — Volume 2

Livro escrito em parceria com o Eng. Osvaldemar Marchetti e cobre os assuntos de: blocos de estacas, lajes marquises, viga parede e discussão de casos em forma de crônicas estruturais.

ISBN: 85-212-0333-0 • Páginas: 280 • Formato: 17 × 24 cm •
Ano de publicação: 2004 • Peso: 0,482 kg

Instalações hidráulicas prediais usando tubos de PVC e PPR

Livro escrito em parceria com o Engo Geraldo de Andrade Ribeiro Junior que possui singular experiência em manutenção de sistemas de esgotos e técnicas de projeto desse sistema. O livro, cobre os tópicos de sistema de água fria, água quente, sistema de esgotos sanitários e sistema pluvial predial usando tubos de PVC e PPR.

ISBN: 85-212-0345-4 • Páginas: 360 • Formato: 17 × 24 cm •
Ano de Publicação: 2006 • Peso: 0.592 kg

LIVROS JÁ PUBLICADOS

Concreto armado eu te amo para arquitetos

Escrito por Manoel Henrique Campos Botelho transforma o livro "Concreto armado eu te amo" numa versão mais simples e muito ilustrada, com dezenas de fotos da nossa realidade. Foi analisado previamente pelo IAB SP – Instituto de Arquitetos do Brasil, seção S. Paulo que com isso colaborou na sua abordagem didática.

ISBN: 85-212-0385-3 • Páginas: 240 • Formato: 20,5 × 25,5 cm •
Ano de Publicação: 2006 • Peso: 0,509 kg

Manual de Primeiros Socorros do Engenheiro e do Arquiteto

É um livro temático de primeiro degrau dirigido para jovens profissionais, principalmente para os jovens profissionais municipais. Trata de assuntos como fazer atas de reunião, como projetar cemitérios, como numerar lotes e edifícios de uma rua, e muitos outros assuntos.

ISBN: 85-212-0151-6 • Páginas: 320 • Formato: 16 × 23 cm •
Ano de publicação: 1984 • Peso: 0,482 kg

Águas de Chuva — Engenharia de águas pluviais nas cidades

É praticamente o único livro de sistemas pluviais existente no mercado livreiro.

Dá todas as condições para se projetar e construir sistemas pluviais de cidades e de loteamentos, sejam os sistemas superficiais (escoamento pela sarjeta) sejam os sistemas subterrâneos (bocas de lobo, tubos, escadarias hidráulicas etc.).

ISBN: 85-212-0152-4 • Páginas: 254 • Formato: 16 × 23 cm •
Ano de publicação: 1998 • Peso: 0,386 kg